A Primer of Jungian Psychology

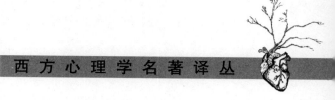

西方心理学名著译丛

荣格心理学七讲

【美】卡尔文·霍尔（Calvin Hall）
【美】弗农·诺德比（Vernon Nordby） 著

冯川 译

北京大学出版社
PEKING UNIVERSITY PRESS

著作权合同登记号　图字：01-2015-7867
图书在版编目(CIP)数据

荣格心理学七讲/（美）卡尔文·霍尔（Calvin Hall），（美）弗农·诺德比（Vernon Nordby）著；冯川译．—北京：北京大学出版社，2017.5
（西方心理学名著译丛）
ISBN 978-7-301-27940-3

Ⅰ.①荣… Ⅱ.①卡… ②弗… ③冯… Ⅲ.①荣格（Jung,Carl Gustav 1875—1961）—人格心理学 Ⅳ.①B84—065 ②B848

中国版本图书馆CIP数据核字（2017）第014573号

Copyright © Calvin S. Hall and Vernon J. Nordby, 1973
All rights reserved including the right of reproduction in whole or in part in any form.
This edition published by arrangement with the New American Library, an imprint of Penguin Publishing Group, a division of Penguin Random House LLC.

书　　　名	荣格心理学七讲 Rongge Xinlixue Qi Jiang
著作责任者	〔美〕卡尔文·霍尔（Calvin Hall）　〔美〕弗农·诺德比（Vernon Nordby）　著　冯川　译
丛书策划	周雁翎　陈　静
丛书主持	陈　静
责任编辑	于　娜
标准书号	ISBN 978-7-301-27940-3
出版发行	北京大学出版社
地　　　址	北京市海淀区成府路205号　100871
网　　　址	http://www.pup.cn　新浪微博：@北京大学出版社
电子信箱	zyl@pup.pku.edu.cn
电　　　话	邮购部 62752015　发行部 62750672　编辑部 62767857
印　刷　者	北京鑫海金澳胶印有限公司
经　销　者	新华书店 720毫米×1020毫米　16开本　13.25印张　110千字 2017年5月第1版　2018年3月第2次印刷
定　　　价	45.00元

未经许可，不得以任何方式复制或抄袭本书之部分或全部内容。
版权所有，侵权必究
举报电话：010-62752024　电子信箱：fd@pup.pku.edu.cn
图书如有印装质量问题，请与出版部联系，电话：010-62756370

谨献给：

    我们聪慧而善良的荣格主义之友，苏黎士的 C. A. 迈尔和旧金山的乔·威尔赖特，并以此深切怀念卡尔·古斯塔夫·荣格。

绪　言

我的一生是无意识自我实现的历程。

——荣格

《弗洛伊德心理学入门》(*A Primer of Freudian Psychology*)一书出版于1954年,它是为了向学生和一般公众介绍弗洛伊德有关正常人格的结构、动力和发展而写作的。显然,它已经达到了这一写作的目的,因为从它问世以来,已经有许许多多的人读了这本书。

多年以来,我们一直想写一本同样的书来介绍荣格的心理学思想。但我们始终犹豫,因为我们觉得这样一本书不会有太多的读者。美国心理学家和其他国家的心理学家一样,对这位在1961年去世的瑞士心理学家和精神病学家极少注意,他们对荣格唯一感兴趣的是他在20世纪最初几年中所进行的语词联想试验(荣格因此于1909年应美国心理学界的邀请来美国讲学),以及后来他为测量自己提出的内倾和外倾概念而设计的试验。当后来终于开始考虑他的思想时,他们又往往对这些思想持排斥的态度。他们对荣格的批评,有时是公正的,然而更多的则建立在对荣格的误解之上。

当然,部分过错应该归咎于荣格自己。他行文散漫,常常使人难以追随其思路。又因为他的文章在人们知道不多和兴趣不大的题目上有着渊博的学识,这也使许多读者望而却步,不敢问津。

然而最近几年,对荣格心理学的积极兴趣开始发展起来,特别在年轻一代的心理学家、大学生以及一般公众中更是这样。

他们相信荣格关于人类行为的某些看法具有重要意义。我们也这样想。我们认为荣格是现代思潮中最重要的变革者和推动者之一。要是忽略了他,也就遗漏了与这一万方多难的时代紧密攸关的整个思想。这就是我们写作本书的意图。我们希望这本书对于荣格,就像《弗洛伊德心理学入门》对于弗洛伊德那样,能够对读者起同样的作用,把荣格有关正常人格的结构、动力和发展的基本概念介绍给读者。

如同《弗洛伊德心理学入门》一样,这本书也是纯介绍性的。我们力图简明、清楚、准确地说明荣格的概念和理论,而不打算评价他的思想,也不把它同别的心理学家和精神分析学家相比较。我们对荣格有关变态行为(神经症和精神病)和精神疗法的见解一概略而不谈,也不讨论那些对分析心理学有过贡献的荣格派心理学家和精神病学者的著作。

在这本书里,我们采用的仅仅是荣格已经发表的著作。它们已被译成英语,有普林斯顿大学出版社的19卷本可使用。本书所有引文,除非另加注明,都引自这一版本的荣格文集,我们希望这本入门书能够鼓励读者涉猎这些原始著作。

C. S. 霍 尔
V. J. 诺德贝
1972年7月于旧金山的桑塔·克鲁兹

目 录

绪言 …………………………………………………… (1)

第一章　卡尔·古斯塔夫·荣格 …………………… (1)
　　一、童年时代与青年时代 ………………………… (3)
　　二、职业生涯 ……………………………………… (10)
　　三、荣格何许人也？ ……………………………… (23)

第二章　人格的结构 ………………………………… (25)
　　一、精神 …………………………………………… (28)
　　二、意识 …………………………………………… (30)
　　三、个人无意识 …………………………………… (33)
　　四、集体无意识 …………………………………… (37)
　　五、人格诸结构间的相互作用 …………………… (60)
　　六、小结 …………………………………………… (62)

第三章　人格的动力 ……………………………… (65)
　　一、精神：相对闭合的系统 …………………… (67)
　　二、心理能 ……………………………………… (69)
　　三、心理值 ……………………………………… (71)
　　四、等值原则 …………………………………… (78)
　　五、均衡原则 …………………………………… (84)
　　六、前行与退行 ………………………………… (91)
　　七、能量的疏导 ………………………………… (96)
　　八、小结 ………………………………………… (101)

第四章　人格的发展 ……………………………… (103)
　　一、个性化 ……………………………………… (105)
　　二、超越与整合 ………………………………… (109)
　　三、退行 ………………………………………… (116)
　　四、人生的阶段 ………………………………… (118)
　　五、小结 ………………………………………… (125)

第五章　心理类型 ………………………………… (127)
　　一、心态 ………………………………………… (130)
　　二、心理功能 …………………………………… (132)
　　三、心态与心理功能的组合 …………………… (134)
　　四、个体的类型 ………………………………… (137)

五、各种实际考虑 …………………………………… (145)
         六、小结 ………………………………………………… (150)
第六章 象征与梦 ………………………………………………… (151)
         一、放大 ………………………………………………… (153)
         二、象征 ………………………………………………… (160)
         三、梦 …………………………………………………… (163)
第七章 荣格在心理学中的地位 ………………………………… (173)
附录   荣格著作阅读指南 ……………………………………… (187)
         《荣格文集》各卷书名 ………………………………… (193)
         推荐参考书目 ………………………………………… (195)

第一章

卡尔·古斯塔夫·荣格

医生、精神病专家、心理分析学家、教授、学者、作家、社会批评家、家庭成员、社会公民——所有这一切荣格都当之无愧。但是首先，他是一个始终不懈地探索人类精神的人，也就是说，是一个心理学家。他希望自己作为心理学家留在人们的记忆中，他也一定会作为心理学家而为人们所永远纪念。

1957年，荣格（Carl Gustav Jung，1875—1961）82岁的时候，他与私人秘书安妮拉·雅菲（Aniela Jaffé）女士合作，开始撰写他的自传。自传出版于1961年（这一年荣格去世），题名为《回忆·梦·思考》，它以异乎寻常的直率，对形成荣格精神发展的力量和影响作了充分的估价。自传不是对荣格的一生作客观的叙述（尽管其中也有那么一些），而是着重对他的主观内心世界，对他充满梦、幻觉和心灵体验的世界进行分析和描述。

我们从这本举世无双的著作中汲取了大量素材来撰写以下荣格的简要生平。我们在这里特别强调了他在童年时代的经历和体验，因为在荣格看来，童年时代的经历和体验对形成他的性格、心态和兴趣起着决定性的作用。但我们并没有忽略那些自传性因素，因为我们感到读者可能很想知道荣格其人及其成就。

一、童年时代与青年时代

卡尔·古斯塔夫·荣格于1875年7月26日出生在瑞士东北部康斯坦斯湖畔克什维尔的乡村里。他的名字取自他杰出的祖父、巴塞尔大学医学教授的名字。他的父亲是瑞士新教牧师，荣格是他唯一幸存的儿子，荣格的两个哥哥在荣格出生之前就夭折了。

荣格生下来六个月,他的父亲就被派到坐落在莱茵河畔的另一个偏僻乡村洛芬去当教区牧师。在这里,很可能由于婚姻的不和谐,荣格的母亲出现了神经失调的毛病,需要被送进医院治疗几个月,小荣格就交给了他的姑妈和女仆照管。

在牧师住宅里,当荣格的姑妈让荣格初次看见巍峨的阿尔卑斯山的时候,荣格立刻就被它吸引并嚷着马上要到那儿去。姑妈只好哄着他,答应以后带他去。山峦、湖泊、河流过去是,现在也仍然是所有瑞士儿童天然的家园。荣格说:"没有水,也就根本没有人能够生存。"尽管荣格后来在精神生活方面有了很高的发展,他却始终保持着和大自然的亲近。

死亡对于荣格也并不陌生,经常有当地的渔夫在险恶湍急的瀑布下丧生。荣格保留着对葬礼仪式的生动回忆:一个又大又黑的箱子放在一个深坑的旁边,身穿黑色长袍、头戴黑色高帽的牧师主持着整个仪式,他们的面孔阴沉而忧郁。父亲是牧师,荣格的八位叔父也都是牧师。这样,当荣格还是一个孩子的时候,他的许多时光都消磨在这些身穿黑袍、板着面孔的人周围。许多年来,他们的面容和表情一直让这个孩子感到害怕。

荣格的家庭最后搬迁到维塞河畔距巴塞尔大约三英里的克莱恩-许宁根(Klein-Hüningen)乡村教区。有一次那里的堤坝坍塌,洪水冲走了十四个人。洪水消退以后,喜欢冒险的荣格当时尽管只有六岁,还是跑出去看洪水所造成的灾害,这时候,他看见一个半截被掩埋在沙土里的尸体。还有一次他去看人们宰杀一只猪。这些经历和体验对他是富有刺激性的,但他的母亲却感到担忧,觉得一个孩子对这样一些可怕的事情感兴趣是不健康、不正常的。

荣格本人小时候也曾几次临近死亡的边缘。有一次他摔破了头,鲜血流满了教堂的台阶。还有一次他险些从横跨莱茵瀑布的桥上摔下去淹死,幸亏女仆及时抓住了他。

荣格的妹妹直到他九岁时才出生,在这之前荣格一直独自玩耍。他一连几个小时着迷于他自己发明的游戏,然后又放弃这些游戏,重新设计出新的更复杂的游戏。他不能容忍他人的批评和旁观。他玩耍和游戏的时候,也不喜欢任何人来打扰干涉他。荣格对刚生下来的妹妹漠不关心,他继续一个人玩耍,仿佛他妹妹并不存在。从那时候开始,直到生命的终结,荣格始终都是一个内倾型的人。

早在荣格能够记事的时候,荣格的父母在婚姻上就存在问题。父亲和母亲的寝室是分开的。荣格和父亲合住一间寝室。他记得夜里听见母亲发出奇怪的、神秘的声音,使他心神不定。他常常做一些可怕的梦。有一次,他梦见一个人影从他母亲的房门出来,人头和身体逐渐分离,头飘浮在空中;在这之后又出现了一个人头,也逐渐与身体分离从空中飘走。

　　荣格的父亲急躁易怒,难于相处;他的母亲则因为情绪障碍和抑郁而饱受痛苦。当荣格实在忍受不了这一切的时候,他就躲到阁楼上去,在那儿他有一个忠实的伙伴——他自己用一小块木头雕刻而成的人像——给他以精神上的安慰。秘密的契约和袖珍本的祷文同这个木雕人像一起被收藏在阁楼里,它们为荣格举行了无数次漫长的仪式。荣格常常与这个木雕的人像作冗长的对话,向他倾吐内心深处的隐秘。

　　十一岁那年,荣格从乡村学校转入巴塞尔城内一所很大的学校。在这里,他置身于富有得难以想象的人们中间。巴塞尔的绅士们住的是豪华的公馆,说的是高雅的德语和法语,坐的是套着高头大马、装饰得漂亮精致的马车。他们的子女举止优雅、衣着讲究、花钱大方,现在成了荣格的新同学。这些有钱人家的孩子,整日谈论着去阿尔卑斯山、去苏黎世湖、去荣格也渴望去的那些地方度假。荣格,这个贫穷的牧师儿子,脚上穿着被雨水浸透了的袜子和破烂的鞋子到班上上课,对他的同学们充满了嫉妒。荣格对自己的父母也产生了一种不同的感情,一种先前未曾有过的感情。他甚至开始可怜起他的父亲来,在这之前他一直没有意识到他父亲实际上是多么贫穷。

　　学校生活很快变得沉闷乏味,而且占用了太多的时间,荣格认为这些时间本来可以用来读他真正感兴趣的书籍。他发现神学班尤其沉闷。他讨厌任何类型的数学，也讨厌体育，他后来由于晕病发作而被准许免上体育课。这种神经性疾病频繁发作，使他缺了六个月的课在家休息。这段时期他沉浸在阅读他自己喜欢的书籍和探测大自然奥秘的快乐之中，他把这看得比别的一切都更重要。他完全置身于树林、岩石、沼泽、飞禽走兽，以及他父亲的藏书室这样一个神秘的世界之中。

荣格的父母对儿子的晕厥现象十分担心，为他请了一个又一个医生，但始终没有能够确诊究竟生的是什么病。一位专家曾认为很可能是癫痫，但据此而进行的治疗却没有任何效果。这个时期荣格完全处在兴奋状态中，根本没有把自己的病看得有多么严重，直到有一天他偶然听见父亲和一位朋友的谈话，才如雷轰顶，大梦方醒。当时父亲的朋友正问起孩子的病，父亲回答说："医生们已经说不清他究竟出了什么毛病。如果他真患了不治之症，那简直太可怕了。我已经把我仅有的那点儿积蓄花光了。如果这孩子将来不能自谋生路，前景真是不堪设想。"荣格突然面对严峻的现实，从此以后，疾病不翼而飞，以后也从未复发。他马上跑进父亲的藏书室，开始温习拉丁语法。他重新回学校上课，学习得比以往的任何时候都更加刻苦。荣格说，从这次生病的经历中，他真正懂得了神经官能症究竟是怎么一回事。

从童年时代开始,荣格就有过许多他不敢告诉任何人的梦、体验和情感,因为问题一旦涉及宗教就被视为禁区。任何时候荣格只要问及有关宗教教义的问题,他得到的回答都只能是:"这是不能怀疑的,你必须对它保持信仰。"宗教不仅给荣格的心灵带来困惑,它也成为一种障碍,这种障碍使得荣格和他的父亲事实上已不能彼此交流、相互理解。荣格说他的童年是在几乎不能忍受的孤独中度过的,"因此,我与世界的关系已经被预先决定了,当时和今天我都是孤独的"。(《回忆·梦·思考》,第41页)

宗教信念上的冲突贯穿荣格的整个青少年时期。他没有能够从书本中找到这些问题的答案。当这种全神贯注的冥思苦想使他感到疲劳时,他就靠阅读诗歌、戏剧作品和历史著作以暂时获得解脱。同父亲进行宗教问题的讨论,其结局总是极不愉快,往往伴随着激烈的争吵和生硬的态度。这些尖刻的辩论使荣格的父亲既悲哀又恼怒,可是谁曾想到这位牧师在晚年的时候,竟会比儿子更甚地陷入严峻的宗教信念上的冲突之中。

撇开对神学问题的关注,荣格在学习上也狠下功夫并取得了成功,名列全班第一。荣格十六岁后,宗教问题上的困境渐渐为其他兴趣——特别是哲学兴趣——所取代。古希腊哲学家的思想吸引着他,但他最喜爱的哲学家却是叔本华。叔本华关心的是痛苦、困惑、情欲和罪恶等问题。荣格想,现在终于有一个有勇气的哲学家敢于公开承认,宇宙的秩序并不完全是按照至善原则来奠定的。叔本华按照他所看见的那样对生活作了忠实的反映,他并不隐瞒人性的缺陷。这种哲学上的启示,使荣格对人生有了一种新的看法。

就在这段时期,荣格从一个沉默寡言、缺乏信心的人,转变成为一个积极活跃、爱说爱笑的人。由于有了较多的自信,他跟许多人建立了友谊,甚至还向他的新朋友谈起自己的某些思想和看法。他的这些思想遭到人们的嘲笑和敌视。最后,荣格终于明白了为什么别的同学总是成心跟他过不去。他广泛地阅读了许多不同专业的课外书籍,这样,他接受的知识对其他同学来说完全是陌生的。当他谈论这方面的问题时,他的同学由于完全不懂,就认为他是一个凭自己想象任意杜撰理论和概念的吹牛大王。一些教师则指责他剽窃抄袭。荣格再次感到孤独,再次退缩回自己的内心世界。

荣格描绘自己在青年时代是一个孤独而书生气十足的人,为宗教问题和哲学问题所苦恼,对世界充满了寻根究底的好奇心。他显然是一个不同寻常的孩子,就像他以后将成为一个不同寻常的人一样。但是许多具有和他同样气质的孩子,却始终没有显示出任何卓越之处。他们往往流于幼稚肤浅,或者成了

精神病患者,要不就是在种种怪癖中消磨了自己的一生。

二、职业生涯

临近高中毕业的时候,荣格的父母问他将来的志愿是什么,荣格说不清楚。他对许多不同学科都有兴趣,但这时候他并没有打定主意从事任何特定专业。科学中的具体研究对象吸引着他,但他同样也比较倾心于宗教和哲学。他的一位叔父竭力鼓励他研究神学,但荣格的父亲却劝他不要选择这一专业。

报考大学的时间逼近了,荣格对未来的职业还没有能够作出决定。他感兴趣的四个领域是:科学、历史、哲学和考古学。考古学立刻就被排除在外,因为巴塞尔大学没有设置这一专业,而荣格又没有一笔钱去别的地方上大学。他最后选择了科学。开始上课后不久,他突然想到他应该学习医学。奇怪的是在这之前他居然一直没有想到这一点,因为荣格的祖父(荣格的名字就是根据他的名字所取的)就曾经是荣格现在就读的这所大学的医学教授。荣格认为,他之所以没有想到选择他祖父的这一职业,大约因为他生来就不愿仿效他人。荣格的父亲只能提供一小部分学费,其余的部分则靠学校贷款。

父亲在荣格进大学一年后去世,家庭经济状况迅速恶化,荣格现在负有赡养母亲和妹妹的责任。有一些亲戚劝荣格赶快放弃学业寻找工作。幸好,一位叔父提供了家庭的日常经济开支,其他亲戚则共同负担荣格的学费,以保证他能够继续念完大学。

学完解剖学课程后,荣格成了一名助教,又过了一学期,他被指定讲授组织学课程。他仍在设法挤出时间继续阅读哲学方面的书籍。到了第三学年,荣格希望作出决定,究竟应专修外科还是专修内科。但最后他放弃了继续深造的打算,因为他根本没有这样一笔钱来供自己继续学习。

在这个暑假里,荣格经历了几次神秘的体验,这些奇妙的体验注定要影响他的职业选择。在荣格的一生中,梦、幻想以及种种神秘现象一直具有重要作用。特别是当他面临重大抉择需要作出决定时,更是如此。早在童年时期,荣格就十分重视无意识的自发显现,尤其是它在梦中的自发显现。

第一件神秘的事情发生的这一天,荣格正在他自己的房间里学习。突然他听见一声巨响,仿佛有谁开枪射击。他走进隔壁房间,看见母亲正坐在距大饭桌约三英尺的地方,原来是饭桌从边缘到中心裂了一条缝。奇怪的是裂缝并不沿着榫头和接缝,而是顺着坚固的木质裂开的。饭桌是用陈年的胡桃木做成的,这种突然的破裂不可能是由于温度和湿度的变化导致的,荣格对此感到茫然,百思不得其解。

第二件神秘的事情发生在一个晚上。这次是一把放在篮子里的面包刀突然碎裂成了一堆碎片。荣格把这些碎片拿出去给一位刀匠看。刀匠仔细看了以后说:"这是一把好刀,钢材没有问题,一定是有人不知用什么办法把它一点一点地折断了。"多年以后,有一次荣格的妻子病得很厉害,荣格从保险柜里拿出这些刀片,把它们重新拼合成了一把刀。

这些事情发生后不久,荣格开始参加每个礼拜六晚上在亲戚家举行的降神会。他对于神秘事件的兴趣一直没有衰减。在准备博士论文的过程中,他对一个女巫(一个在亲戚家表演降神活动的十五岁的女孩子)进行了专门的考察和研究。

这些神秘现象促使荣格把兴趣转向心理学和心理病理学。那年秋天返校后,荣格为准备期末考试而阅读了克拉夫特-埃宾(Krafft-Ebing)写的精神病学教材。这本书的第一章就给荣格以一种闪电般的震动。他立刻意识到,精神病学,这正是他命中注定要从事的专业。这样,在二十四岁这年,荣格终于找到了适合他自己兴趣、志向和抱负的专业,现在一切都豁然开朗了。

荣格的老师都为荣格作出这一决定感到惊讶,他们不明白他为什么要牺牲很有前途的医学生涯,去从事像精神病学这样一种荒唐的职业。搞医学的人通常都瞧不起精神病学和精神病医生。在他们看来,所谓精神病学,完全是一派胡言;而精神病医生本人,也跟他们治疗的精神病人差不多同样古怪。但荣格一如既往地坚持他的这一选择。

1900年12月10日,荣格被任命为苏黎世布勒霍尔兹利(Burghölzli)精神病医院的助理医师。布勒霍尔兹利是欧洲最负盛誉的精神病医院。这个医院的院长欧根·布洛伊勒(Eugen Bleuler)由于擅长治疗精神病并发展了精神分裂症的理论而闻名全世界。荣格庆幸自己能有机会在这样一位名人的指导下工作和学习。

荣格也为终于来到苏黎世感到高兴。在此之前,他差不多一直生活在巴塞尔。巴塞尔在荣格看来是一座沉闷的城市,而与之相对照,坐落在阿尔卑斯群山环抱的美丽湖畔的苏黎世,却是一座十分可爱的城市。荣格很小的时候就曾对阿尔卑斯山有过梦想,现在他将要在这里度过他的漫长生涯。他的庭院在苏黎世郊外库斯那赫特,濒临苏黎世湖,之后,在湖的另一端,他又修建了一所别墅。

为了熟悉自己所选择的专业,他与世隔绝,成天待在医院里整整有六个月。他一面观察病人,一面广泛阅读有关精神病学的书籍。"一个吸引着我的全部研究兴趣,使我激动万分的问题是:在精神疾患的背后,究竟是什么东西在作祟?"(《回忆·梦·思考》,第114页)他不只是向布洛伊勒学习,1902年,他还去巴黎,跟伟大的法国精神病学家皮埃尔·让内(Pierre Janet)学习了几个月。

但真正给予荣格的思想以巨大影响的,不能不首推弗洛伊德。荣格熟悉弗洛伊德和布洛伊尔(Breuer)对癔症所作的研究,与这一研究有关的论文发表于19世纪90年代;1900年,《释梦》一书刚刚问世,荣格就读了这本书。他谈到这本书时说,它对于年轻的精神病学家是"灵感的源泉"。

1903年,荣格与埃玛·罗森巴赫(Emma Rauschenbach)结婚,她协助荣格的工作一直到她1955年去世。

1905年,荣格30岁的时候,他成了苏黎世大学的精神病学讲师和精神病诊疗所的高级医生。与此同时他也在私人开业,结果很快就门庭若市,以致他不得不放弃了他在诊疗所里的职务。直到1913年以前,他一直在大学里讲授心理病理学、弗洛伊德精神分析学以及原始人心理学。

为了对精神病患者的心理反应进行研究,荣格还在诊疗所工作的时候就建立了一个研究实验室。在这些研究中,他采用了语词联想的方法来测验情绪的生理表现。语词联想测验是把一个词汇表上的词汇一次一个地读给病人听,并要求病人对其中首先打动他的那个词作出反应。如果病人犹豫不决,花了很长时间才对那个词作出反应,或者他在作出反应的同时流露出某种情绪,这就表明那个词已经触及到荣格称之为情结的那种东西。荣格对情结所作的这些研究(其中有些论文发表在美国的科学杂志上)为他在美国建立了声誉,他因此于1909年被邀请到马萨诸塞州克拉克大学作有关语词联想测验的讲学。这是他第一次访问美国。他对美国很感兴趣,在这之后他曾多次访问美国。

与此同时,荣格一直在认真阅读弗洛伊德的著作,他把自己的论文和他的第一本著作《精神分裂症心理学》(1907年)寄给弗洛伊德。在这些文章中,尽管有某些保留(特别当涉及童年期性创伤的重要性时),但总的来说他仍然是支持弗洛伊德的观点的。1907年,弗洛伊德邀请荣格到维也纳作客。两人一见如故,相互倾心,谈话一直持续了13个小时!这样他们开始了此后保持了6年的私人关系和事业上的友谊。他们每周通信。1909年,两人同时应邀去克拉克大学讲学,又在一起度过了为期7周的旅途生活。1912年,荣格再次到美国福特汉姆大学(Fordham University)讲精神分析学。国际精神分析协会建立的时候,由于弗洛伊德再三坚持,荣格当选为协会的第一任主席。弗洛伊德在这段时间写给荣格的一封信中,称荣格是他的过继长子,他的王储和继承人。

为什么20世纪心理学和精神病学的这两位泰斗之间的关

系后来会变得如此严峻,本书不打算就这一问题作深入的考察。原因无疑是十分复杂的,是"过度决定的"①。这里只要指出一点就够了:从童年时代开始,荣格就是,并且之后一直是一个独立性很强的人,他不可能沾沾自喜于成为某人的门徒、长子或"王储",他要追寻他自己的思想线索。在《转变的象征》(*Symbols of Transformation*)这本书中,他就是这样做的。他深信这本书将要断送他与弗洛伊德的友谊,一连好几个月他都为这种想法感到苦恼,以致他不能完成该书的最后一章。这一章的题目叫作"牺牲",而现在荣格所要做出的也就正是一种牺牲。

与弗洛伊德和精神分析学分道扬镳以后,荣格形容自己处于一种混乱动摇的状态。他放弃了他在大学里开设的课程,因为他觉得,在自己的精神状况动摇不定的时候去给学生们讲课,这在他是办不到的。在随之而来的"淡季"里,荣格既不能从事研究,也不能读书写作。这段时期,他把所有的时间都花费在分析自己所做的梦和所产生的幻觉上,他要通过这种方式来对自己的无意识领域作一番探索。

三年沉寂以后,荣格的精神又变得活跃起来,他写出了他最好的著作之一——《心理类型》(*Psychological Types*),出版于1921年。在这本书中,荣格不仅讨论了他与弗洛伊德和阿德勒

---

① 心理学术语,意即由多种原因和多种动机决定的。——译者注

（另一个与弗洛伊德决裂了的精神分析学家）之间的性格差异，而且更重要的是他描述了不同性格类型的分类，其中包括对外倾与内倾、思维与情感所作的著名区分。

这段时期前后，他又开始在自己家中与学生们定期聚会，并且开始了更大范围的旅行。他去了突尼斯和撒哈拉沙漠。他对土著人的精神活动一直有浓厚的兴趣，现在可以直接对他们进行观察了。尽管他并不熟悉当地土著的语言，他却能通过他们的手势、举止，通过他们的面部表情和情绪反应来对他们进行观察。他觉得他从这第一次非洲之行中获得了极丰富的收获和启发。在第二次去非洲旅行前，他事先学习了斯瓦希里语。在一次远征中，他深入到非洲的腹地，然后取道埃及而返。对于荣格来说，这次旅行是一次扎扎实实的学习过程，因为这次旅行使他对原始精神和集体无意识有了亲身的接触。对于这次旅行的记忆在荣格的心中从未枯萎，他一次又一次地在自己的著作中提到这次旅行。

荣格去新墨西哥旅行，考察普韦布洛印第安人（Pueblo Indians）的宗教信仰。普韦布洛印第安人把他们的宗教信仰作为最大的秘密，直接询问当然毫无结果，荣格只能间接地接近目标。他向他们谈起各种各样的话题，观察他们的情绪反应。一旦他们脸上流露出某种情绪，荣格就知道他已经接触到某种有

意义的主题。这是语词联想法的一种新的运用。

荣格一直对东方宗教和神话很感兴趣。去印度和锡兰的旅行更增强了他的兴趣,扩展了他的知识。他写了很多文章论及东方人格和西方人格之间的差异。这种差异通过彼此不同的民俗、信仰、实践、神话等反映出来。荣格指出,东方人的心态主要是一种内倾心态,而西方人的心态则主要是一种外倾心态。

理查德·韦尔赫姆(Richard Wilhelm)是一位中国文化权威,通过与他的友谊,荣格逐渐熟悉了《易经》。《易经》是一部古老的书,它建立了算命卜卦、预测未来的一套体系。韦尔赫姆还引导荣格对炼金术发生了兴趣。荣格后来数年如一日地对炼金术倾注了极大的热情并成为这一冷僻领域的一位卓越权威。荣格的《心理学与炼金术》(*Psychology and Alchemy*)一书出版于1944年,被列为他最重要的著作之一。

荣格由于对这样一些缺乏科学根据的东西如炼金术、星相学、卜卦、心灵感应、特异功能、瑜伽术、招魂术、降神术、算命、飞碟、宗教象征、梦和幻觉等所发生的兴趣而屡遭批评。在我们看来,这些批评是不公正的。荣格不是作为门生和信徒,而是作为心理学家去研究这些东西的。对他来说,最重要的问题是:这些东西究竟揭示了人类心灵,特别是荣格称之为"集体无意识"的这一心理层次的哪些方面。荣格从他的早年生涯中知道,人的无意识最清楚地显示在各种征兆、幻觉以及诸如布勒霍尔兹利医院精神病人的妄念之中。在这之后,他又发现,在较为正常的人那里,人的无意识心理最清楚地反映在所谓神秘现象、宗教象征、神话、占星术和梦境之中。荣格既然是一个研究无意识的人,他当然要利用一切机会,通过一切途径来观察人的无意识,而不管其他科学家会觉得这多么令人不能容忍。在这方面,也如在其他许多方面一样,荣格丝毫不拘泥于传统与习俗。尽管如此,他在着手具体研究的过程中却始终是一位科学家。

在自传中,荣格较少涉及他与妻子、儿子和四个女儿的家庭生活。不同于近年来许多传记作者,他从未提及他的性生活。他确实说过,正常的家庭生活对于他是十分重要的,它能够平衡他那个充满梦、幻想和神秘体验的奇妙的内心世界。"我的家庭、我的职业时刻提醒我,我是一个实实在在的普通人,它们保证了我能够随时随地重新返回到现实的土壤。"(《回忆·梦·思考》,第189页)在库斯那赫特美丽的湖畔家园,荣格给许多病人看过病,他们当中许多是来自世界各国的有名望、有成就的人。

1922年,荣格买下了波林根乡村苏黎世湖端的产权,在那里修建了一所消夏别墅。别墅的第一部分是一套圆形建筑,类似非洲住房的风格,房间中央是一个火塘,绕墙一周放着帆布床。这种布置显得十分原始,因而另一座通常样式的两层楼房

反倒成了它的附属。荣格的私人居室是一座圆形的塔。一家人都利用一切可能的机会充分享受这座别墅。在这里,他们可以划船,从事园艺和享受大自然的美。值得指出的是:从生下来的那一天开始,荣格住过的每一个地方不是在河边就是在湖畔。

1944年荣格摔断了腿,这一事件之后,紧跟着又发作了一次心脏病。大病痊愈以后,荣格进入了写作的高产期。他认为这是由于他病中休养的那几个月里经历和体验了无数的幻觉、迷狂和梦。躺在床上的那几个月也给了他充分的时间来整理自己的思想。

荣格的妻子于1955年去世,在这之后,去波林根别墅的愉快旅行就越来越少了。尽管荣格雇有一个花匠和一个料理家务的人,他的女儿们还是轮流来库斯那赫特陪伴和照料他。荣格忠心耿耿的秘书安妮拉·雅菲也天天帮助处理他与世界各地的大量通信。雅菲小姐是荣格必不可少的朋友和助手,她一直留在荣格身边直到他1961年6月6日去世。

荣格生前获得了许多荣誉和颂扬,包括哈佛和牛津在内的许多大学都授予他荣誉学位,他达到那样的精神高度,这是不足为奇的。他从不吝惜自己的时间,乐于与人会晤,接受记者和电视台的采访,发表讲话,写通俗文章,回信,接待来自世界各国的访问者。他跟所有的人谈话都坦率自然,毫不装腔作势,不管对方是名人还是中学生。他十分民主,一点也不拿架子或自认为了不起。

自1961年荣格逝世以来,他的影响越来越大。阅读他的著作的人比过去更多了,他的文集被编成19大卷,现在已有英文译本。他的许多著作还以较为便宜的平装本出版。但直到目前为止,仍没有一本权威性的荣格传记。

荣格的医疗理论和医疗方法,通过设立在全世界许多城市的职业学校而得到广泛传播。不过分析心理学的圣地却仍然是苏黎世,建立于1948年的荣格学院就坐落在那里。来自许多国家的学生在这所学院的不同系科里学习。迈尔(C. A. Meier)——他被认为是荣格的继承人——现在是著名的苏黎世技术学校的教授并有自己的诊所和研究室。分析心理学不仅通过它在不同国家和地区的组织,而且通过国际分析心理学联合会而扩大其影响。尽管荣格心理学在大学里的地位和影响不及弗洛伊德,但有迹象表明,美国高等院校里的心理学家们,现在已经开始更多地注意荣格。大学生们则一直对荣格感兴趣,他们广泛地阅读了荣格的许多著作。

荣格本人是不愿意把他的理论搞成任何体系化的教条和公式的,他宁肯积累新事实,获得新发现,也不愿去对旧的东西进行总结。他一再声明,他想要掌握和理解的仅仅是事实,理论对

于他不过是某种推测和假设，一旦与实际生活发生冲突，它们就不能不让位于具体事实。

在阅读以下各章的时候，读者应记住，书中所讲到的理论，是在充分信任和亲密合作的治疗过程中，通过对各种各样的人的行为的大量观察而形成和发展起来的。除此之外，这一理论还来自荣格本人的旅行见闻，来自他有关神话、宗教、炼金术、社会现象和神秘主题的渊博知识。荣格毕生都在不断地对自己进行反省和分析，我们不应该忽略这种分析。我们已经看见，荣格还是孩子的时候，就多么富有内省精神。

还有一件事情要请读者注意。科学理论是对于客观现实的抽象，这一抽象来源于无数具体事实。它们的用途在于揭示人格和人的行为中那些人所共有的方面。抽象的理论怎样见之于特殊的个体人格和个人行为，这一点，正是荣格最感兴趣的。尽管荣格知道理论是十分必要的，但他却并不埋头于抽象的概念、规律和理论，而总是更多地着眼于具体的个人，着眼于在他的诊所里坐在他面前的具体个人的丰富多彩、五光十色的复杂性。荣格是训练有素的科学家，但更是一个人本主义者。他对于人的兴趣，他对于人的关怀，并不仅仅出自他作为一个科学家的职业需要。正因为如此，所以各行各业的人都愿意向他请教。

三、荣格何许人也？

荣格是怎样一个人？从体质上讲他身高、肩宽、体壮，是业余登山运动员和老练的水手。他喜欢园艺、雕刻、劈柴、建筑等手工活动，喜欢游戏和竞赛。他饮食讲究，胃口极好，喜欢喝酒，喜欢抽雪茄和烟斗。他性格活跃、精力充沛、身体健康。

凡是与荣格有过私人接触的人，事后都提到他具有开朗的心情和无与伦比的幽默感。他的眼睛愉快地眨动，不时发出开心的、富于感染力的笑声。他自己风趣健谈，又能专心听别人谈话，从来不显得匆忙，从来不显得心不在焉。在谈话过程中，他对问题的把握灵活变通，表达简练准确，能够容忍和接受不同的意见。他喜欢在自己的谈话中使用方言，当谈到美国的时候，他会突然插入一些美国的俚语和俗谚。跟他在一起，人们总是感到自在和惬意。

荣格是怎样一个人？从他所受的教育看他是一个医生，然而他却不曾有过一般意义上的医疗实践，相反倒是作为一个精神病医生，先是在精神病医院和诊疗所里看病，尔后则自己开业。此外他又是一个大学教授。多年以来他一直属于弗洛伊德精神分析学派，后来与弗洛伊德关系破裂，他又形成和发展了自

己的一套心理分析理论。最初,他把自己的理论称之为情结心理学,后来又称之为分析心理学。这套理论不仅包括一整套概念、原理,而且包括治疗心理疾患的方法。荣格并不把自己的职业活动限制在诊疗所里,他还运用自己的理论,对大量的社会问题、宗教问题和现代艺术思潮作批判的分析。他是一个学者,有着惊人的渊博知识,能够与自己的母语德语同样流畅地阅读英语、法语、拉丁语和希腊语的著作。他还是一个有很高天赋的作家,曾于1932年获苏黎世城的文学奖。此外他又是忠实的丈夫、慈爱的父亲,是见多识广的瑞士公民,政治上主张思想自由和政治民主。

医生、精神病专家、心理分析学家、教授、学者、作家、社会批评家、家庭成员、社会公民——所有这一切荣格都当之无愧。但是首先,他是一个始终不懈地探索人类精神的人,也就是说,是一个心理学家。他希望自己作为心理学家留在人们的记忆中,他也一定会作为心理学家而为人们所永远纪念。

他说:"……人类存在的唯一目的,就是要在纯粹自在的黑暗中点起一盏灯来。"

〔参考书目〕

Jung, C. G. *Memories, Dreams, Reflections*. New York: Vintage Books, 1961.

第二章

人格的结构

意识与无意识通常都被认为来源于经验。按照弗洛伊德的说法，无意识是由于童年时期创伤性经验的压抑而形成的。尽管可能是由于荣格的影响，弗洛伊德后来对这一观点作了修改，但不管怎样，是荣格打破了这种严格的环境决定论，证明了正是进化和遗传为心理的结构提供了蓝图，就像它为人体的结构提供了蓝图一样。集体无意识的发现是心理学史上的一座里程碑。

任何完整的人格理论都应该能够解答下述三方面的问题。组成人格结构的要素是什么，这些成分彼此之间如何相互作用，它们和外部世界如何相互作用？激发人格的能量源泉是什么，能量在上述种种成分之间怎样分配？人格是怎样产生的，在个体的生命过程中它会发生什么样的变化？这三个方面的问题可以分别称为人格结构问题、人格动力问题，以及人格发展问题。

荣格心理学试图回答所有这些问题，因而我们可以把它看作是一种内容广泛的人格理论。在这一章中，我们将讨论荣格为描述人格结构而提出的几个概念。

在这样做之前，我们打算先就科学概念的性质说几句话。概念是一种用来描述一组观察到的自然现象和事实的名称或标记，以及用来解释这些现象和事实的观念、推论和假设。因此，概念是一般的、抽象的术语。举例来说，"进化"这个词在达尔文的学说中，涉及有关物种起源的一整套复杂的观察和解释。因此为了理解这个概念，我们就必须多少了解一点这个概念所赖以建立起来的那些观察到的事实。这意味着在讨论一个概念的时候，必须从一般到特殊，即正好与科学家形成这一概念时所做的工作相反。这就是我们在描述荣格的概念时将要做的事情。我们将首先从一般术语方面讨论一个概念，然后再给以具体的例证。

最有用的概念是那些能够被广泛运用的概念。荣格的概念具有这一特点,它们的运用范围十分广泛。由于这种广泛性,我们不可能讨论它们所具有的所有丰富细节和广泛用途。我们希望读者在我们提供的例证之外,设想这些概念的别的表现形式。这样,读者在运用这些概念说明自己的人格和周围的人的行为时,他将发现他已经大大地增加了自己有关人格和个性的知识。

当然,正如荣格所意识到的那样,概念也有某些危险。概念可能偏误或限制我们的观察,使我们对那些根本不存在的东西误以为真,而对那些确实存在的东西则视而不见。这就是荣格为什么总是小心谨慎地不过分地依赖某种概念,以及他为什么坚持强调经验事实高于理论的缘故。

一、精神

在荣格心理学中,人格作为一个整体就被称为精神(psyche)。这个拉丁字的本来含义就是"精神"(spirit)或"灵魂"(soul),但是在现代,它已经逐渐变成了"心"(mind)的意思。例如心理学(psychology)就被理解为心的科学(science of mind)。精神包括所有的思想、感情和行为,无论是意识到的,还是无意识的。它的作用就像一个指南针,调节和控制着个体,使他适应社会环境和自然环境。"心理学不是生物学,不是生理学,也不

是任何别的科学,而恰恰是这种关于精神的知识。"(《荣格文集》,卷九,一分册,第30页)

精神这一概念表明了荣格的基本思想,这就是,个人从一开始就是一个整体。他不是各个部分的集合,其中每一部分是通过经验和学习,就像布置房间那样逐一相加而成的。荣格这种人格原始统一性的主张本来是明显的、不足为奇的,然而许多心理学理论却总是或明或暗地主张人们的人格是逐步获得的,即使有某种有机统一性,那也只是后来才出现的。荣格明确地反对这种拼凑的人格理论。人并不致力于人格的完整,他本来就是完整的,他生来就有一个完整的人格。荣格说,在人的整个一生中,他所应该做的,只是在这种固有的完整人格基础上,去最大限度地发展它的多样性、连贯性和和谐性,小心警惕着不让它破裂为彼此分散的、各行其是的和相互冲突的系统。分裂的人格是一种扭曲的人格。荣格作为一个精神分析家的工作,就是要帮助病人恢复他们失去了的完整的人格,强化精神以使它能够抵御未来的分裂。因此,对荣格来说,精神分析的终极目标恰恰是精神的综合。

精神由若干不同的然而彼此相互作用的系统和层次组成。我们可以从中区分出三个层次,这就是意识、个人无意识和集体无意识。

二、意识

意识是心理中唯一能够被个人直接知道的部分。它在生命过程中出现较早,很可能在出生之前就已经有了。观察幼儿时会发现:儿童在辨别和确证父母、玩具和周围的事物时都运用着自觉意识。这种自觉意识,通过荣格所谓思维、情感、感觉、直觉四种心理功能的应用而逐渐成长。儿童并不平均地使用这四种功能;他一般是较多地利用一种功能而较少地利用其他功能。四种功能中某一种功能的优先使用,把一个孩子的基本性格同其他孩子的基本性格区分开来。举例来说,如果一个孩子首先是思维型的,他的性格将必然不同于一个主要是情感型的孩子的性格。

除了四种心理功能外,还有两种心态决定着自觉意识的方向。这两种心态就是外倾和内倾。外倾心态使意识定向于外部客观世界;内倾心态则使意识定向于内部主观世界。我们将在第五章中详细介绍这四种功能和两种心态。

一个人的意识逐渐变得富于个性,变得不同于他人,这一过程,也就是我们所说的个性化(individuation)。个性化在心理的发展中起着重要的作用(参看第四章)。荣格说:"我用'个性化'这个术语来表示这样一种过程,经由这一过程,个人逐渐变成一个在心理上'不可分的'(in-dividual),即一个独立的、不可分的统一体或'整体'。"(《荣格文集》,卷九,一分册,第275页)

个性化的目的在于尽可能充分地认识自己或达到一种自我意识。用现代术语来说它可以被称之为意识的拓展。荣格说:"但是归根结底,决定的因素往往是意识。"(《回忆·梦·思考》,第187页)个性化和意识在人格的发展中是同步的;意识的开端同时也就是个性化的开端。有发展了的意识,也就有较大的个性化。一个始终不懂得自己,不懂得周围世界的人不可能是一个充分个性化了的人。正是在这种意识的个性化过程中,产生出了一种新的要素,荣格把它称为自我(ego)。

1. 自我

荣格用自我来命名自觉意识的组织,它由能够自觉到的知觉、记忆、思维和情感等组成,尽管自我在全部精神总和中只占据一小部分,但它作为意识的门卫却担负着至关重要的任务。某种观念、情感、记忆或知觉,如果不被自我承认,就永远也不会进入意识。自我具有高度的选择性,它类似一个蒸馏所,许多心理材料被送进这个蒸馏所里,但却只有很少一点被制作出来,达到充分自觉这一心理水平。我们每天实际上有数不清的体验,

但其中绝大多数都不可能被意识到,因为自我在它们到达意识之前就把它们淘汰了。这是一种重要的功能,因为不如此,我们就会被无数希望挤入到意识中来的心理内容压倒和淹没。

自我保证了人格的同一性和连续性,因为通过对心理材料的选择和淘汰,自我就能够在个体人格中维持一种持续的聚合性质。正是由于自我的存在,我们才能够感觉到今天的自己和昨天的自己是同一个人。在这方面,个性化与自我彼此关系密切,它们协同作用,发展起一种与众不同的、不断形成的人格。个人只能在自我允许新的体验成为自觉意识这一范围内个性化。

是什么东西决定着自我允许哪些东西和不允许哪些东西进入意识呢?这部分地取决于在一个人心理中占主导地位的心理功能。一个人如果是情感型的,则自我将允许较多的情绪体验进入意识;如果他是思维型的,那么思想比情感更易于被允许进入意识。这也部分地取决于一种体验在自我中激发的焦虑的程度。凡是要唤起焦虑的表象和记忆都容易被拒绝在意识之外。这还部分地取决于个性化达到的程度。一个高度个性化的人的自我,将允许较多的东西成为意识。最后,这也部分地取决于体验本身的强度。强烈的体验可以攻入自我的大门,而微弱的体验则可能轻而易举地被击退。

三、个人无意识

那些不能被自我认可的体验怎么样了呢？它们并没有从精神中消逝。因为任何曾经体验过的东西都不可能彻底消逝无踪。与此相反，它们被储存在荣格所说的个人无意识中。心理的这一层级邻近自我，它是一个贮藏所，容纳着所有那些与意识功能和自觉的个性化不协调、不一致的心理活动和心理内容。它们也许一度是意识中的体验，由于种种缘故而被压抑和忽视，例如一段痛苦的思想、一个无法解决的难题、一种内心的冲突、一次道德的争端。在它们当初被体验到的时候，可能往往因为似乎不相宜或不重要而被忘却。所有那些微弱得不能到达意识，或微弱得不能留存在意识之中的体验，统统被储存在个人无意识中。

一旦需要，个人无意识的内容通常是为意识所乐于接受的。举一些例子就可以更容易理解个人无意识和自我之间的这种双向交流（two-way traffic）。某人知道许多朋友和熟人的名字，自然，这些名字并不随时都留存在他的意识之中，但一旦需要，它们就会被记起。当这些名字不在意识中的时候，它们到哪儿去了呢？它们就在个人无意识之中。个人无意识就像一个精心

制作的输入系统或记忆仓库。再举一个例子,我们可能听到或看到过一些当时并不感兴趣的事情,多年以后它可能变得至关重要而被从个人无意识中召唤出来。白天未经注意就过去了的各种体验,可能会在夜晚的梦中出现。事实上,个人无意识对于梦的产生有着重要的作用。

1. 情结

个人无意识有一种重要而又有趣的特性,那就是,一组一组的心理内容可以聚集在一起,形成一簇心理丛,荣格称之为"情结"(complexes)。荣格在使用语词联想测验进行研究的过程中,最早提到"情结"的存在。我们在前一章中已经讲到过语词联想测验,医生把一张词汇表上的词一次一个地读给病人听,并要求病人对首先触动他心灵的词作出反应。荣格发现,有时候受试者需要很长时间才能作出反应。当他询问受试者为什么这样迟才做出反应的时候,受试者却说不出任何原因。荣格猜想这种延迟可能是由一种制止和妨碍病人作出反应的无意识情绪导致的。当他更深一步地进行探究的时候,他发现,与产生延迟反应的那个词有关的一些词也会导致这种延迟反应。荣格于是认为,无意识中一定有成组的彼此联结的情感、思想和记忆(情结),任何接触到这一情结的语词都会引起一种延迟性反应。对这些情结的进一步研究表明：它们就像完整人格中的一个个彼此分离的小人格一样。它们是自主的，有自己的驱力，而且可以强有力到控制我们的思想和行为。

正是由于荣格，情结这个词才进入了我们的日常语言。我们谈论一个人时说他有一种自卑情结，一种与性欲有关的情结，一种与金钱有关的情结，一种"年轻一代"的情结或与其他一切事物有关的情结。所有的人都熟悉弗洛伊德所说的俄狄浦斯情结。当我们说某人具有某种情结的时候，我们的意思是说他执意地沉溺于某种东西而不能自拔。用流行的话来说，他有一种"瘾"。一种强有力的情结很容易被他人注意到，尽管他本人可能并不曾意识到这一点。

荣格描述的一个例子是"恋母情结"。一个人的恋母情结如果非常强烈，他对于母亲所说的和所感觉的一切就极其敏感。在他心目中母亲的形象总是居于首位。他在一切谈话中总是力图尽可能地谈到他的母亲或与他母亲相关的事情，而不管这样做是否恰当得体。他特别喜欢那些有母亲在其中扮演重要角色的故事、电影和事件。他期待着母亲节、母亲的生日，以及一切他能够向母亲表示敬意的机会。他模仿母亲，并接受母亲的爱好和兴趣，甚至会被母亲的朋友们吸引。他宁可陪伴年老的妇女也不愿陪伴与自己年龄相当的女人。孩提时代，他是母亲的

"小宝宝";成人以后,他仍然一天到晚围着母亲身边转。

在荣格观察到的情结中,有许多是他的病人所具有的情结。他发现情结深深地植根于他们的神经症状中。"不是人支配着情结,而是情结支配着人。"分析治疗的目的之一就在于分解消融这些情结,把人从笼罩在他生活中的这些情结的专横暴虐下解放出来。

然而情结,正像荣格后来发现的那样,并不一定成为人的调节机制中的障碍。事实恰恰相反,它们可能而且往往就是灵感和动力的源泉,而这对于事业上取得显著成就是十分重要的。例如一个沉迷于美的艺术家就不会仅仅满足于创作出一部杰作。他会执着于创造某种最高的美,因而不断地提高其技巧,加深其意识,并从而创作出大量的作品来。任何人都会想到梵·高,他把生命的最后几年完全献给了艺术。他就像被某种东西支配着,牺牲了一切,包括自己的健康乃至生命去绘画。荣格谈论到艺术家这种"对于创作的残酷的激情","他命定要牺牲幸福和一切普通人生活中的乐趣"。(《荣格文集》,卷十五,第101—102页)这种对于完美的追求必须归因于一种强有力的情结;微弱的情结限制了一个人只能创作出平庸低劣的作品,或者甚至根本创作不出任何作品。

情结是怎样产生和形成的呢?最初,在弗洛伊德的影响下,荣格倾向于相信情结起源于童年时期的创伤性经验。例如,子女要是被粗暴地与自己的母亲分开,这就可能导致他形成一种持久的恋母情结,以作为失去母亲的补偿。荣格不可能长期满足于这样一种解释。他后来意识到情结必定起源于人性中某种比童年时期的经验更为深邃的东西。这种更为深邃的东西究竟是什么?在这样一种好奇心的鼓舞下,荣格发现了精神中的另一层次,他把它叫作"集体无意识"。

四、集体无意识

荣格对情结的分析有着极大的重要性,这一分析使他还在相当年轻的时候就已经在心理学界和精神病学界享有声誉。当他应邀到马萨诸塞州克拉克大学讲学时,他只有 33 岁。与情结的发现同样重要的是他对集体无意识的发现,这一发现有着更为重大的意义并使他成为 20 世纪最卓越的学者之一。荣格也因此而成为一个有争议的人物。

集体无意识这一概念之所以重要,道理很简单:自我作为意识的中心,个人无意识作为被压抑的心理内容的仓库,这些都不是新的思想。自从 19 世纪 60 年代科学心理学作为独立于哲学、独立于生理学的科学而出现以来,心理学家们一直在对意识

进行研究。19世纪90年代,弗洛伊德开创了对无意识的研究,他的著作是荣格所熟悉的。

意识与无意识通常都被认为来源于经验。按照弗洛伊德的说法,无意识是由于童年时期创伤性经验的压抑而形成的。尽管可能是由于荣格的影响,弗洛伊德后来对这一观点作了修改,但不管怎样,是荣格打破了这种严格的环境决定论,证明了正是进化和遗传为心理的结构提供了蓝图,就像它为人体的结构提供了蓝图一样。集体无意识的发现是心理学史上的一座里程碑。

人的心理经由其物质载体——大脑而继承了某些特性,这些特性决定了个人将以什么方式对生活经验作出反应,甚至也决定了他可能具有什么类型的经验。人的心理是通过进化而预先确定了的,个人因而是同往昔联结在一起的,不仅与自己童年的往昔,更重要的是与种族的往昔相联结,甚至在那以前,还与有机界进化的漫长过程联结在一起。确立精神在进化过程中的这一位置,是荣格的卓越成就。

让我们对集体无意识的内容和性质作一大致的勾画。首先,它是心理中与个人无意识有区别的一部分,它的存在并不取决于个人后天的经验。个人无意识由那些曾经一度被意识到后来又被忘却了的心理内容组成,而集体无意识的内容在人的整个一生中却从未被意识到。

　　集体无意识是一个储藏所,它储藏着所有那些通常被荣格称之为原始意象(primordial images)的潜在的意象。原始(primordial)指的是最初(first)或本源(original),原始意象因此涉及心理的最初的发展。人从他的祖先(包括他的人类祖先,也包括他的前人类祖先和动物祖先)那儿继承了这些意象。这里所说的种族意象的继承并不意味着一个人可以有意识地回忆或拥有他的祖先所曾拥有过的那些意象,而是说,它们是一些先天倾向或潜在的可能性,即采取与自己的祖先同样的方式来把握世界和做出反应。例如,人对蛇和对黑暗的恐惧。人并不需要通过亲身经验才获得对蛇和对黑暗的恐惧,当然亲身经验也可以加强一个人的先天倾向。我们之所以具有怕蛇和怕黑暗的先天倾向,是因为我们的原始祖先对这些恐惧有着千万年的经验。这些经验于是深深地镂刻在人的大脑之中。

　　对荣格有关集体无意识起源的说法,有一种最常见的批评。我们最好先来讨论一下这种意见。生物学家们对进化的机制提出了两种不同的观点。一种观点认为前人通过经验而习得的东西,不需要重新学习就可以遗传给后代,习惯逐渐转变为本能。这种观念被叫作获得性遗传理论或拉马克主义。另一种被生物学家们广泛接受的观点则认为,进化的程序是由胚质(germ plasm)中发生的变异(所谓突变)完成的。那些有利于个体适应环境,增加生存机会和繁衍机会的突变,容易一代一代地传续下去,而那些不利于适应生存和繁衍的突变,则会被淘汰和消灭。

遗憾的是,荣格采用的恰恰是不合时宜的拉马克主义的解释,即对于蛇或黑暗的恐惧,由一代人或几代人通过经验学习获得后,可以遗传给后代。但是应该指出,集体无意识这一概念并不一定要从获得性遗传理论中去寻求解释,它也可以从突变论和自然选择论中获得解释。这就是说,一种或一系列突变,可以导致一种怕蛇的先天倾向。既然原始人暴露在毒蛇的伤害之下,他对蛇的恐惧可以使他小心警惕着不被蛇咬伤。那么,导致这种恐惧并因而导致这种小心警惕的突变,就可以增加人的生存机会,这样,基因胚质中这种变异也就会传给后代。也就是说,我们对集体无意识的进化也可以像对人体的进化那样来说明和解释,因为大脑是心理最重要的器官,而集体无意识则直接依赖于大脑的进化。

在作了这一番必要的说明交代之后,现在让我们言归正传,继续描述集体无意识。人生下来就具有思维、情感、知觉等种种先天倾向,具有以某些特别的方式来反应和行动的先天倾向,这些先天倾向(或潜在意象)的发展和显现完全依赖于个人的后天经验。正像前面说过的那样,如果集体无意识中已经预先存在有恐惧的先天倾向,那它就可以很容易地发展为对某种东西的恐惧。在有些情况下,要使这些先天倾向显现出来,只需要很少的一点儿外界刺激就足够了:我们第一次看见蛇,即使是一条无害的蛇,很可能也会被吓一跳;而在有些情况下,这些先天倾向却需要相当多的外界刺激,才能够从集体无意识中显现出来。

从个体出生的那一天起,集体无意识的内容就给个人的行为提供了一套预先形成的模式。"一个人出生后将要进入的那个世界的形式,作为一种心灵的虚象(virtual image),已经先天地被他具备了。"(《荣格文集》,卷七,第188页)这种心灵的虚象和与之相对应的客观事物融为一体,由此而成为意识中的实实在在的东西。举例来说,如果集体无意识中存在母亲这一心灵虚象,它就会迅速地表现为婴儿对实际的母亲的知觉和反应。这样,集体无意识的内容就决定了知觉和行为的选择性。我们之所以很容易地以某种方式知觉到某些东西并对之作出反应,正是因为这些东西先天地存在于我们的集体无意识中。

我们后天经历和体验的东西越多,所有那些潜在意象得以显现的机会也就越多。正因为如此,我们在教育和学习上应该有丰富的环境和机会,这样才能使集体无意识的各个方面都得以个性化,即成为自觉意识。

1. 原型

集体无意识的内容被称为原型(archetype)。这个词的意思是最初的模式,所有与之类似的事物都模仿这一模式。它与prototype是同义词。

荣格几乎把他整个后半生都投入到有关原型的研究和著述之中。在他所识别和描述过的众多原型中,有出生原型、再生原型、死亡原型、力量原型、巫术原型、英雄原型、儿童原型、骗子原型、上帝原型、魔鬼原型、智叟原型、大地母亲原型、巨人原型,以及许多自然物如树林原型、太阳原型、月亮原型、风水火原型、动物原型,还有许多人造物如圆圈原型、武器原型等等。荣格说:"人生中有多少典型情境就有多少原型,这些经验由于不断重复而被深深地镂刻在我们的心理结构之中。这种镂刻,不是以充满内容的意象形式,而是最初作为没有内容的形式,它所代表的不过是某种类型的知觉和行为的可能性而已。"(《荣格文集》,卷九,一分册,第48页)

为了正确理解荣格的原型理论,有一点十分重要,这就是,原型不同于人生中经历过的若干往事所留下的记忆表象,不能被看作是在心中已充分形成的明晰的画面。母亲原型并不等于母亲本人的照片或某一女人的照片,它更像是一张必须通过后天经验来显影的照相底片。荣格说:"在内容方面,原始意象只有当它成为意识到的并因而被意识经验所充满的时候,它才是确定了的。"(《荣格文集》,卷九,一分册,第79页)

有一些原型对形成我们的人格和行为特别重要,荣格对此给予了特殊的注意。这些原型是人格面具、阿尼玛和阿尼姆斯、阴影以及自性。后面我们将要对它们详加说明。

原型虽然是集体无意识中彼此分离的结构,它们却可以以某种方式结合起来。例如,英雄原型如果和魔鬼原型结合在一起,其结果就可能是"残酷无情的领袖"这种个人类型。又如巫术原型如果和出生原型混合在一起,其结果就可能是某些原始文化中的"生育巫师",这些巫师为年轻的新娘们履行仪式,以保证她们能够生儿育女。原型既然能够以各种不同的组合方式来相互作用,因而能够成为造就个体之间人格差异的因素之一。

原型是普遍的;也就是说,每个人都继承着相同的基本原型意象。全世界所有的婴儿都天生具有母亲原型。母亲的这种预先形成了的心象,后来通过现实中的母亲的外貌和举止,通过婴儿与母亲的接触和相处,而逐渐显现为确定的形象。但是,因为婴儿与母亲的关系在不同的家庭中,甚至在同一家庭的不同子女间都是不同的,所以母亲原型在外现过程中也就立刻出现了个性差异。此外,荣格还提到,当种族分化出现后,不同种族的集体无意识也显现出基本的差异来。

在前面有关情结的讨论中,我们提到过情结所可能有的几种起源。现在,原型应该被看作是所有这些起源中的一个。因为事实上原型乃是情结的核心。原型作为核子和中心,发挥着类似磁石的作用,它把与它相关的经验吸引到一起形成一个情结。情结从这些附着的经验中获取了充足的力量之后,可以进入到意识之中。原型只有作为充分形成了的情结和核心,才可能在意识和行动中得到表现。

让我们考察一下上帝情结是怎样从上帝原型中发展起来的。同所有的原型一样,上帝原型最初也存在于集体无意识之中。当一个人开始接触世界的时候,那些与上帝原型相关的经历和体验就逐渐附着于这一原型并由此而形成上帝情结。这一情结通过不断地积累新的内容和材料而变得越来越强大,直到最后强大到有足够的力量使自己强行进入到意识之中。如果上帝情结在一个人身上占据优势,那么这个人的经历体验和所作所为都主要为上帝情结所统治。他感觉和判断一切事物都带着善与恶的标准;他宣传邪恶的人将要下地狱,圣洁的人能够进入永恒的天堂;他诅咒那些在罪恶中生活的人并要求他们为自己的罪恶忏悔;他相信自己是上帝派来的使者或者甚至就是上帝本人,因而只有他才能向人类启示获得拯救的道路。这种人会被人们看作是妄想狂或者精神病患者。他的情结已经统治和控制了他的整个人格。当然,这是一个情结以极端的和无限制的方式发挥其作用的例子。如果这个人的上帝情结不是吞噬了他的全部人格,而只是作为他人格中的一个部分,他就很可能会较好地为人们服务。

现在我们就来看一看在每个人的人格中都具有重要意义的四种原型。

(1) 人格面具(the persona)。人格面具这个词的本义是为使演员能在一出剧中扮演某一特殊角色而戴的面具。由同一词源演化而成的词还有 person(人、个人)和 personality(人格、个性)。在荣格心理学中,人格面具的作用与此类似,它保证一个人能够扮演某种性格,而这种性格却并不一定就是他本人的性格。人格面具是一个人公开展示的一面,其目的在于给人一个很好的印象以便得到社会的承认。它也可以被称为顺从原型(conformity archetype)。

一切原型都必须是有利于个体也有利于种族的;否则它们就不可能成为人的固有天性。人格面具对于人的生存来说也是必需的,它保证了我们能够与人,甚至与那些我们并不喜欢的人和睦相处。它能够实现个人目的,达到个人成就,它是社会生活和公共生活的基础。试想有这样一个在大公司里工作的年轻

人,他为了能够在事业上有所成就,就必须首先弄清公司对他有什么期望,他应该在其中扮演什么样的角色。这很可能包括某些个人特征如修饰、着装、风度等;当然肯定包括他与上司的关系,或许也包括他的政治见解,他的寓所和邻居,他所驾驶的汽车的型号,他的妻子,以及许多被认为对公司的形象十分重要的事情。正像俗话所说的那样,如果他手腕高明,他就会稳操胜券。当然,他首先必须把自己的工作做好,他应该勤勤恳恳、任劳任怨、认真负责、积极可靠,但这些品质也不过是人格面具的一部分。一个年轻人如果不能够扮演他所在的公司要他扮演的角色,那他就注定不可能提职加薪,甚至还可能被解雇。

人格面具的另一个好处是,它所换得的优厚的物质报酬,可以被用来过一种更舒适,或许也更自然的个人生活。一个公司的雇员一天只需要戴8小时的面具,当他下班以后,他就可以从事更能满足他愿望的活动。人们不禁会想到著名作家弗兰茨·卡夫卡。他白天在国家保险公司里勤勉工作,夜里却在写作,从事文学活动。他多次说他讨厌自己所从事的工作,但他的上司从他的工作态度上却根本无法想象他对自己的工作深藏着厌恶之情。许多人都像这样过着双重生活:一种受人格面具的支配,另一种则用来满足其他的精神需要。

每个人都可以有不止一个面具。上班的时候戴的是一幅面具,下班回到家里戴的是另一幅面具,当与朋友一道玩高尔夫球、玩扑克牌的时候,他很可能又戴上另一幅面具。但不管怎样,所有这些面具的总和,也就构成了他的"人格面具"。他不过是以不同的方式去适应不同的情境罢了。诚然,人们早就把这种适应看作是社会生活的重要条件,但在荣格之前,却没有任何人提到,这种适应机制实际上乃是一种与生俱来的原型的表现。

人格面具在整个人格中的作用既可能是有利的,也可能是有害的。如果一个人过分地热衷和沉湎于自己所扮演的角色,如果他把自己仅仅认同于自己所扮演的角色,人格的其他方面就会受到排斥。像这种受人格面具支配的人,就会逐渐与自己的天性相异化而生活在一种紧张的状态中,因为在他过分发达的人格面具和极不发达的人格其他部分之间,存在着尖锐的对立和冲突。一个人的自我认同于人格面具而以人格面具自居时,这种情况被称为"膨胀"(inflation)。一方面,这个人会由于自己成功地充当了某种角色而骄傲自大。他常常企图把这种角色强加给他人,要求他人也来充当这样一种角色。如果他有权有势,那些在他手下生活的人,就会感到痛苦不堪。有时候父母也会把自己的人格面具强加给子女,从而导致不幸的结局。那些与个人行为有关的法律和习俗,实际上乃是集体人格面具的表现。这些法律和习俗企图把一些统一的行为规范强加给整个

集体,而根本不考虑个人的不同需要。这些都说明,人格面具的过度膨胀给人的心理健康带来的危害是显而易见的。

另一方面,那些人格面具过度膨胀的人本身也是受害者,当达不到预期的标准和要求时,他会受自卑感的折磨,也会自怨自艾。其结果是他可能感到自己与集体相疏远,并因而体验到孤独感和离异感。

荣格有充分的条件和大量的机会,研究过度膨胀的人格面具所造成的不良影响。因为他的许多病人就是这种过度膨胀的人格面具的受害者。这些人通常都是些有很高成就的社会名流,但却突然发现自己的生活异常空虚和没有意义。在分析治疗的过程中,他们逐渐意识到多年来他们一直在欺骗自己,意识到自己的情感和兴趣完全是虚伪的,自己不过是对自己完全不感兴趣的东西,做出一副感兴趣的样子罢了。经常,他们都在已人到中年时,才突然感到过度膨胀的人格面具所带来的危机。治疗的宗旨是不言而喻的:过度膨胀的人格面具必须受到抑制,以便使一个人天性中的其他部分赢得自己的地位。当然,这对于一个多年来一直以自己的人格面具自居的人来说,是一件十分困难的事情。

从过度膨胀的人格面具的教训中,我们可以获得这样的启示:正像欺骗自己比欺骗他人更愚蠢一样,做一个糊里糊涂的伪君子也比做一个自觉的伪君子更不利于心理的健康。当然最理想的是,不应该有任何形式的虚伪和欺骗,然而,不管是好是坏,人格面具的存在却是人类生活中的一个事实,并且还必然要寻求表现,所以最好还是采取一种较为有节制的形式。

（2）阿尼玛(anima)和阿尼姆斯(animus)。正因为人格面具是一个人公开展示的一面,荣格才把它称为精神的"外部形象"(outward face),而把男性的阿尼玛和女性的阿尼姆斯称为"内部形象"(inward face)。阿尼玛原型是男人心理中女性的一面;阿尼姆斯原型则是女人心理中男性的一面。每个人都天生具有异性的某些性质,这倒不仅仅因为从生物学角度考察,男人和女人都同样既分泌雄性激素也分泌雌性激素,而且也因为,从心理学角度考察,人的情感和心态总是同时兼有两性倾向的。

千百年来,男人通过与女人的不断接触而形成了他的阿尼玛原型,女人也通过同男人的接触而形成了她的阿尼姆斯原型。通过千百年来的共同生活和相互交往,男人和女人都获得了异性的特征。这种异性特征保证了两性之间的协调和理解。因而,与人格面具一样,阿尼玛和阿尼姆斯原型也有重要的生存价值。

要想使人格和谐平衡,就必须允许男性人格中的女性方面和女性人格中的男性方面在个人的意识和行为中得到展现。如果一个男人展现的仅仅只是他的男性气质,他的女性气质就会始终遗留在无意识中而保持其原始的未开化的面貌,这就使他的无意识有一种软弱、敏感的性质。正因为这样,所以那些表面上最富于男子气的人,内心却往往十分软弱和柔顺。而那些在日常生活中过多地展示其女性气质的女人,在无意识深处却十分顽强和任性,具有男人通常在其外显行为中表现出来的气质。

"每个男人心中都携带着永恒的女性心象,这不是某个特定的女人的形象,而是一个确切的女性心象。这一心象根本是无意识的,是镂刻在男性有机体组织内的原始起源的遗传要素,是我们祖先有关女性的全部经验的印痕(imprint)或原型,它仿佛是女人所曾给予过的一切印象的积淀(deposit)……由于这种心象本身是无意识的,所以往往被不自觉地投射给一个亲爱的人,它是造成情欲的吸引和拒斥的主要原因之一。"(《荣格文集》,卷十七,第198页)

荣格这里说的是:男人天生的禀赋里就有女性心象,据此他不自觉地建立起一种标准,这种标准会极大地影响到他对女人的选择,影响到他对某个女人是喜欢还是讨厌。阿尼玛原型的第一个投射对象差不多总是自己的母亲,正像阿尼姆斯原型的第一个投射对象总是父亲一样。在这之后,阿尼玛原型被投射到那些从正面或从反面唤起其情感的女人身上。如果这个人体验到一种"情欲的吸引",那么这女人肯定具有与他的阿尼玛心象相同的特征。反之,如果他体验到的是厌恶之感,那么这女人一定是一个具有与他的阿尼玛心象相冲突的素质的人。女人的阿尼姆斯心象的投射也是如此。

尽管一个男子可能有若干理由去爱一个女人,然而这些理由只能是一些次要的理由,因为主要的理由存在于他的无意识之中。男人们无数次地尝试过与那些同自己的阿尼玛心象相冲突的女人结合,其结果不可避免地总是导致对立和不满。

荣格说阿尼玛有一种先入之见,它喜欢女人身上一切虚荣自矜、孤独无靠、缺乏自信和没有目的的东西,而阿尼姆斯选择的则是那些英勇无畏、聪明多智、才华横溢和体魄健壮的男人。

我们前面说过,许多人因为人格面具过度发达而受害,阿尼玛和阿尼姆斯的情况则往往正好相反。这两种原型往往得不到充分的发展。造成这种差别的一个重要原因是西方文明似乎过分重视性格的一致性,因而歧视男人身上的女性气质和女人身上的男性气质。这种歧视早在童年期便已开始了,那时所谓"假妹子"和"假小子"就经常遭到嘲笑。人们总是希望男孩子成为符合文化传统的男人,期待女孩子成为符合文化传统的女人。这样,人格面具当然就占据了上风,并因而压抑了阿尼玛和阿尼姆斯。

人格面具与阿尼玛和阿尼姆斯之间的这种不平衡,所造成的后果可能是激发起阿尼玛和阿尼姆斯的报复,在这种情形下人可能就会走向极端。年轻的男子可能会过分突出其阿尼玛原型以致使他显得儿女情多、风云气少。某些男人之所以有易装癖①或成为富于女性气的同性恋者,原因也正在于此。以阿尼玛心象自居的男人甚至可以走到这样的极端,以致他愿意通过激素治疗或生殖器手术来使自己在体态上显得是一个女人。一个年轻女子也可以完全彻底地以她的阿尼姆斯心象自居,以致改变其女性性征,从而显得更像男人。

(3)阴影(the shadow)。如同我们讲过的那样,阿尼玛和阿尼姆斯心象总是投射到异性身上,并决定着两性之间关系的性质。除此之外,还有另一种原型,这种原型代表一个人自己的性别,并影响到这个人和与他同性别的人的关系。荣格把这种原型叫作阴影。

阴影比任何其他原型都更多地容纳着人的最基本的动物性。由于阴影在人类进化史中具有极其深远的根基,它很可能是一切原型中最强大最危险的一个。它是人身上所有那些最好和最坏的东西的发源地,而这些东西特别表现在同性间的关系中。

---

① 喜穿异性服装并有异性模仿欲的一种病态心理。——译者注

为了使一个人成为集体中奉公守法的成员,就有必要驯服容纳在他的阴影原型中的动物性精神。而这又只有通过压抑阴影的显现,通过发展起一个强有力的人格面具来对抗阴影的力量,才能够得以实现。一个成功地压抑了自己天性中动物性一面的人,可能会变得文雅起来,然而他却必须为此付出高昂的代价,他削弱了他的自然活力和创造精神,削弱了自己强烈的情感和深邃的直觉。他使自己丧失了来源于本能天性的智慧,而这种智慧很可能比任何学问和文化所能提供的智慧更为深厚。一种完全没有阴影的生活很容易流于浅薄和缺乏生气。

　　然而阴影是十分顽强的,它不是那么容易就屈服于压抑的。下面的例子能很好地说明这一点。一个农夫可能受到灵感的召唤,要他去成为一个诗人(灵感往往是阴影的产物),但这个农夫根本不认为这种灵感的召唤是能够实现的,很可能正因为他作为一个农夫的人格面具过分强大,所以他总是一再拒绝这种内心的呼声。但由于阴影施加顽强的压力,这种内心的呼声不断地扰乱他的心情。这种情形一再发生,他总是不予理睬。直到最后有一天,他终于不得不作出让步,拿起笔来写诗。当然,肯定还会有一些次要的环境因素推动他作出这一决定,但最强大的影响却必须归功于阴影,因为正是它一次又一次地在这种召唤遭到拒绝时仍然顽强地坚持。甚至那些次要的环境因素也主

要是阴影的产物,阴影为它们奠定了基础。就这一点而言,阴影是十分重要和值得重视的原型,它始终坚持某些观念和想象,而这些观念和想象最终将证明可能是对个人有利的。正是由于阴影的顽强和韧性,它可以使一个人进入到更令人满意、更富于创造性的活动中去。

当自我与阴影相互配合、亲密和谐时,人就会感到自己充满了生命的活力。这时候自我不是阻止而是引导着生命力从本能中释放和辐射出来。意识的领域开拓扩展了,人的精神活动变得富有生气和活力;而且不仅是精神活动,在肉体和生理方面也是如此。因此,也就毫不足怪,为什么富于创造性的人总是显得仿佛充满了动物性精神,以致那些比较世俗的人往往把他们视为古里古怪的人。在天才与疯狂之间,的确存在着某种联系。极富于创造性的人,他的阴影随时可能压倒他的自我,从而不时地使他显得疯狂。

我们不妨考虑一下存在于阴影中的"恶"的因素。人们很可能以为,一旦恶的因素从一个人的意识之中被消灭清除干净以后,它们也就一劳永逸地被消灭了。然而事实却并非如此。这些恶的因素只不过是撤退到了无意识之中。只要一个人意识中的自我仍处于良好的状态,这些恶的因素就一直以潜在的状态停留在他的无意识中。但只要这个人突然面临人生困境,发生精神危机,阴影就会利用这一机会对自我实施其威力。那些本来已经摆脱了坏习惯的酗酒者,又突然旧病复发,就是一个明显的例子。当他戒酒的时候,那些使他成为酗酒者的因素被迫撤退到无意识之中,与此同时却随时在伺机反扑;一旦他遭遇逆境,遭受巨大精神打击,面临他所不能驾驭的冲突,这些潜在的因素也就有机可乘。这时候,由于自我的软弱,几乎完全不能抵抗阴影的入侵,而这个人也就又重新变得嗜酒成瘾。阴影具有惊人的韧性和坚持力,它从来不会彻底地被征服。阴影的这种韧性和坚持力,无论在促使一个人行善还是作恶的时候,都是同样有效的。

当阴影原型受到社会的严厉压制,或者,当社会不能为它提供适当的宣泄途径时,灾难往往接踵而至。1918年第一次世界大战刚刚结束的时候,荣格在他的文章中写道,当阴影遭受压抑的时候,"我们身上的动物性只可能变得更富于兽性"。接着他又说:"之所以没有任何一种宗教像基督教这样被无辜者的鲜血横流所玷污,之所以世界上从未看见过有比基督教各民族所进行的战争更为血腥的战争,原因无疑就在于此。"(《荣格文集》,卷十,第22页)这些说法含蓄地表明,基督教教义过分地压抑了人的阴影原型。同样,这些说法也适用于第二次世界大战(这次大战甚至比第一次更为血腥),以及这之后的若干战争。

在这些战争以及历史上所曾进行过的无数次战争中,受到压抑的阴影进行了猛烈的反扑,把许多国家卷入到毫无意义的流血牺牲之中。

我们在前面说过,阴影决定着一个人和与他同性别的人的关系,至于这种关系是友好的还是敌对的,则取决于阴影是被自我接受容纳,和谐地组合到整个精神之中,还是被自我排斥拒绝,放逐到无意识之中。男人往往倾向于把自己受到排斥和压抑的阴影冲动投射和强加到别的男人身上,因而男人与男人往往处不好。女人的情形也是如此,所以女人与女人也往往处不好。

如同我们在前面说过的那样,阴影中容纳着人的基本的和正常的本能,并且是具有生存价值的现实洞察力和正常反应力的源泉。阴影的这些性质在需要的时候对于个人来说意义重大。人们往往面临某些需要人们作出迅速反应的时刻;这时候人们根本来不及分析估计形势和考虑作出最适当的反应。在这种情形下,人的自觉意识(自我)被形势的突然变化搞得措手不及,而无意识(阴影)就会以自己特有的方式对此作出反应。如果在此之前,阴影有机会获得个性化,它就可能对各种危险和威胁作出有效的反应。但如果在此之前,阴影一直遭受压抑,始终未能个性化,这种本能的汹涌宣泄就可能进一步压倒自我,导致一个人精神崩溃而堕入无能为力的境地。

综上所述，关于阴影原型，我们可以说，它使一个人的人格具有整体性和丰满性。这些本能使人富有活力、富有朝气、富有创造性和生命力。排斥和压制阴影会使一个人的人格变得平庸苍白。

（4）自性（the self）。整体人格的思想，是荣格心理学的核心思想。正如我们前面讨论人的精神时指出的那样，人格或精神的统一体，并不是像七巧板那样把各个部分拼凑起来组成的。人的精神或人格，尽管还有待于成熟和发展，但它一开始就是一个统一体。这种人格的组织原则是一个原型，荣格把它叫作自性。自性在集体无意识中是一个核心的原型，就像太阳是太阳系的核心一样。自性是统一、组织和秩序的原型，它把所有别的原型，以及这些原型在意识和情结中的显现，都吸引到它的周围，使它们处于一种和谐的状态。它把人格统一起来，给它以一种稳定感和"一体"（oneness）感。当一个人说他感到他和他自己、和整个世界都处在一种和谐状态之中时，我们可以肯定地说，这正是因为自性原型在有效地行使其职能。反之，如果有人说他感到不舒服、不满足，或者内心冲突激烈，感到自己的精神即将崩溃，那就表明自性原型未能很好地开展工作。

一切人格的最终目标，是充分的自性完善和自性实现。这

不是一件简单的工作,而是一项极其复杂、艰巨、漫长的事业。几乎没有人能够完全成就这一事业。伟大的宗教领袖如耶稣和释迦牟尼,不过是最接近于这一最终目标而已。正如荣格指出的那样,在中年以前,自性原型可能根本就不明显,因为在自性原型以某种程度的完整性开始显现之前,人格必须通过个性化获得充分的发展(参看第四章)。

自性的实现在很大程度上要依靠自我的合作。因为如果自我对来自自性原型的各种信息置之不理,一个人就不可能达到对自性的认识和理解。一切都必须成为自觉意识,这样才能使人格获得充分的个性化。

我们可以通过研究自己的梦来获得对于自性的了解。更重要的是,可以通过真正的宗教体验来理解和把握自性。在东方宗教中,那些用来达到自性完善的宗教仪式,例如瑜伽术的凝神冥思,使东方人能够比西方人更容易知觉和把握到自性。当荣格谈论宗教的时候,他所涉及的仅仅是精神的发展而不是超自然现象。

荣格忠告我们,不应该过多地强调自性的完满实现,而应该更多地强调对于自性的认识。对于自性的认识才是获得自性完善的途径。这是一个重要的区分,因为许多人一方面渴望完善自己,另一方面对自己又缺乏起码的了解。他们想一蹴而就,立地成佛,渴望有什么奇迹发生,使他们能够转瞬间就达到自性完善的境界。实际上,人格的自性完善,是一个人一生中面临的最为艰巨的任务,它需要不断的约束、持久的韧性、最高的智慧和责任心。

通过使本来是无意识的东西成为被意识到的东西,一个人就可以与他自己的天性保持更大的和谐。他很少有刺激和挫折的体验,因为他知道挫折和刺激的根源就在他自己的无意识之中。一个并不真正了解其无意识自性的人,会把他自己在无意识中受压抑的因素投射到他人身上。他谴责他人的过错,实际上这正是他自己未能意识到的自己的过错。因此,他一面批评指责别人,一面也就在把他自己无意识中的某些东西投射和宣泄出来。对自性的了解可以揭穿无意识的投射作用,他就不再硬要去找一个替罪羊来进行谴责和批判。这样他也就不再同别人闹别扭,就会感到与他人与自己都能相处得更加和谐。

我们可以把自性原型描述为一位内心的向导,它与意识中外在的自我有很大的不同。自性原型可以影响、调节和制约一个人的人格,促使人格的成熟,使它更为灵敏豁达。经由自性的发展,人会更加自觉地发展自己的感觉、知觉、理解力和生命的向度。

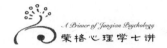

自性原型的概念,是荣格研究集体无意识的最重要的成果。在对所有其他原型的研究和写作都已完成以后,荣格才最后发现了自性原型。他这样总结说:"……自性是我们生命的目标,它是那种我们称之为个性(individuality)的命中注定的组合的最完整的表现。"(《荣格文集》,卷七,第238页)

五、人格诸结构间的相互作用

我们一个一个地分别讨论荣格的结构概念,似乎意味着它们是彼此分离、相互区分的。实际情形却并非如此。在人格诸结构之间,存在着多种相互作用。荣格讨论了三种相互作用。一种结构可以弥补另一种结构的不足,一种要素可以反对另一种要素,两种或更多的结构则可以联合起来形成一种综合。

互补作用可以用外倾与内倾这两种相反的心态来说明。如果在自觉意识中外倾心态是占主导地位的优势心态的话,那么无意识就会以压抑的内倾心态来补偿。这意味着一旦外倾心态遭到某种方式的挫折,在无意识中处于劣势的内倾心态就会跑出来表现在一个人的行为中。正因为如此,所以有的人在一段时期紧张的外倾行为之后,通常紧跟着就变得内倾。无意识总是补偿着人格系统的不足。

互补作用也发生在各种心理功能之间。一个在自己的自觉意识中过分强调思维和情感功能的人，在无意识中却是一个直觉型和感觉型的人。同样，男人的自我与阿尼玛，女人的自我与阿尼姆斯，彼此之间也存在着一种互补关系。正常男子的自我是男性的，而他的阿尼玛则是女性的；正常女子的自我是女性的，而她的阿尼姆斯则是男性的。互补原理给相反的心理要素之间提供了一种平衡，它避免了人的精神陷入病态的不平衡之中。

事实上所有的人格理论家，不管他抱有什么样的信念，坚持什么样的主张，都认为人格同时容纳着可以导致相互冲突的两极倾向。荣格也不例外，他深信人格的心理学理论必须建立在对抗和冲突原则的基础上。因而，由彼此冲突的要素所导致的紧张(tension)，正是生命的本质。没有紧张，也就不会有能量，从而也就不可能有人格。

在人格中，对抗是无处不在的：它存在于阴影与人格面具之间，存在于人格面具与阿尼玛之间，存在于阿尼玛与阴影之间。内倾与外倾相抗衡、思维与情感相抗衡、感觉与直觉相抗衡。自我就像一个来回奔忙的人一样，游移于社会的外在需要和集体无意识的内在需要之间。男人的女性性质与他的男性性

质相竞争,女人的男性性质与她的女性性质相竞争。理性的精神力量与非理性的精神力量之间的斗争从来没有停止过。冲突是生命的基本事实和普遍现象。重要的问题在于:这些冲突最终将导致人格的崩溃,还是能够被人格所承受。如果是前一种情形,这个人就成为精神病人或神经官能症患者,他变得疯狂或半疯狂。如果是后一种情形,如果冲突能够被人格所承受的话,这些冲突就可以为创造性的成就提供动力,使一个人在生活中显得精力充沛。

那么,一个人的人格就必然是发生冲突与争端的场所吗?荣格不这样认为。荣格著作中的一个突出的主题,就是对立面在任何时候都可能结成统一体。荣格一再提出证据证明:对立的双方可以以各种方式统一和综合起来。对立面通过荣格所说的超越功能(参看第四章)而实现其统一。正是这一人人生而有之的天赋功能,将导致形成一种平衡的、整合的人格。

六、小结

现在我们就要结束关于荣格人格结构理论的讨论了。不难看出,在荣格看来,人格是一个极其复杂的结构。其所以复杂,不仅因为这一结构由无数的要素(原型和情结的数量是不可胜数的)所组成,而且因为这些要素之间的相互作用也是错综复杂的。当然,事实上任何有头脑的人也从未把人格看成是一种简单的结构。荣格的人格结构理论,正是试图给那些显得复杂混乱的人类精神状态和精神活动提供一种秩序和模式。

如果有谁想要知道,在具体的个人身上,人格的各种要素是怎样表现出来的,那么我们只能回答要做到这一点将是极其困难的。其所以困难,原因就在于他既要估计人格各种要素在某一特定瞬间所具有的力量,也要考虑这些力量随着时间的推移而发生的变化。人的精神并不像岩石或者树木那样是相对固定不变的东西,可以在描述一次之后便一劳永逸。它是一个不断变化的动力系统。在下一章中,我们将要讲到荣格的人格动力理论。

〔参考书目〕

Jung, C. G. *Collected Works*. Princeton, N. J.: Princeton University Press.

Vol. 7. *Two Essays on Analytical Psychology*.

Vol. 8. *The Structure and Dynamics of the Psyche*.

Vol. 9i. *The Archetypes and the Collective Unconscious*.

Vol. 10. *Civilization in Transition*.

Vol. 15. *The Spirit in Man, Art, and Literature*.

Vol. 17. *The Development of Personality*.

Jung, C. G. *Memories, Dreams, Reflections*. New York: Vintage Books, 1961.

第三章

人格的动力

　　一个人"只有当他适应了自己的内心世界,也就是说,当他同自己保持和谐的时候,他才能以一种理想的方式去适应外部世界所提出的需要;同样,也只有当他适应了环境的需要,他才能够适应他自己的内心世界,达到一种内心的和谐"。

——荣格

为了使我们在前一章中描述过的人格结构发挥其职能,就必须使它们获得能量。这能量从哪里来?其性质如何?怎样利用这一能量?能量在人格诸结构间怎样分配?所有这些问题,将在这一章中讨论。

一、精神:相对闭合的系统

首先,荣格认为,人的整个人格和精神是一个相对闭合的系统。所谓相对闭合,是说我们必须把它当作是一个锁闭在自身之内的完整的系统。也就是说,它或多或少是一个独立自足的能量系统,而且不同于任何别的能量系统。尽管精神也要从外部世界,包括从肉体中获得能量的来源,但这些能量一旦为精神所吸收也就完全属于精神能量而不再是物理能量或化学能量了。换句话说,这些外来能量的命运,取决于一个已经先行存在的能量系统即精神的性质,而并不取决于其外部来源的性质。人的精神领域具有不可渗透的性质,它只有向内输入能量的通道,经由这些通道,来源于外部世界的新的能量被吸收到精神系统之中。

来源于外部世界的能量,主要通过我们所触、所见、所感、所闻的一切事物而获得。所有这些内外感觉给我们提供了一种不

断的刺激来源,经由这些刺激,精神得到了滋养,其情形正如我们享用的食物滋养了我们的身体一样。正因为如此,人的精神系统总是处在不断变化的状态之中,永远也不可能达到绝对平衡的状态,而只能获得相对的稳定。外部环境和来自身体内部的不断刺激,在精神系统内造成了能量的不断转移和重新分配。假如人的精神是一个完全封闭的系统,它就可能获得绝对平衡的状态,因为它不会遭受来自外部世界的干扰。在这种情形下,精神就像一池死水,由于缺乏源头活水而很快腐臭干涸。

  这一点用不着过分强调,每一个读者肯定都多次体验过这种情形:一开始一切都进行得十分顺利,但突然却被某种事先未能预料到的突发事件破坏了精神的平衡。最轻微的刺激也可以对一个人精神的稳定造成巨大的破坏。这表明重要的不是外来能量使整个能量在总量上增加了,而是这种新增加的能量在精神系统中造成了扰动效果。这种扰动效果是由于精神系统内能量的全面再分配造成的。压死骆驼的是最后一根草,极小的压力就可以触动扳机,击发枪炮,致人死命。同样,对一个不稳定的精神系统来说,往往只需要一点点新增加的能量,就可以对一个人的行为造成极大的影响。例如,一句无关紧要、微不足道的评语,往往可能在它所评论的那个人身上引起极其强烈的情绪反应。

在荣格看来,人不可能时刻准备着应付一切可能的偶然事件。新的人生经验会强行进入人的精神并破坏系统的平衡。正因为如此,荣格主张人应该周期性地退回到自己的内心世界以恢复精神的平衡。返回内心世界的方法之一是冥思或内省。另一种更为极端的方法——荣格并没有推崇这种方法——则是完全地并持久地返回到自己的内心世界。这种方式在专业性术语中被称之为孤独症(autism)或紧张症(catatonia)。具有这种精神症状的人是能够彻底抵御一切形式的外来刺激的。

另一方面,人本身有对于刺激和新鲜事物的需要。一个人的生活会由于缺乏新鲜体验而变得单调乏味、沉闷懈怠。在这种情形下,来自外部世界的震荡会激发人的精神,唤起一种新鲜活泼的感觉。

如果精神是完全开放的,其结果将是无穷的混乱;如果精神是完全封闭的,其结果则是停滞与僵化。健康而又稳定的人格介乎于这两种极端之间。

二、心理能

人格所需要的能量被称之为心理能,荣格有时用力比多来命名这种心理能。然而这里所说的力比多,其定义却不能与弗洛伊德的力比多定义相混淆。荣格不像弗洛伊德那样,把力比多仅仅局限为性力。实际上这一点也正是他们两人在理论上的一个重要分歧。在荣格看来,力比多究其本质而言是欲望(appetite),它既可以表现为食欲、性欲,也可以是情绪的欲望。力比多在意识中显现为努力、欲望和意愿。

　　心理不能像物理能那样作定量的测定和计算。电能可以用伏特来计算,放射能可以用拉德来计算和测量,心理能却没有计算和测量的单位。心理能的表现形式既可以是实在的力,也可以是潜在的力,但都是做的心理功。知觉、记忆、思维、感受、希冀、愿望、意欲、努力是心理活动,正像呼吸、消化和排泄是生理活动一样。人格的潜力是诸如先天倾向、潜在趋势那样的一些东西。所有这些隐蔽的和潜在的力量都可能随时被激发出来。

　　我们说过,心理能来源于一个人所曾有过的那些体验。正像食物被我们的身体所消耗并被转化为生物能和生命能一样,人的经历和体验也被精神所"消耗",并被转化为心理能。

　　除了极其罕有的大脑休克,人的精神也如同人的身体一样,始终在不停地运转。即使当我们进入酣睡状态的时候,精神也仍在不断地制造着梦境。我们可能并不是随时随地都能知觉到所有这些精神活动,就像我们也不是随时随地都能意识到所有那些生理的活动一样,但这并不意味着这些心理活动就没有发生。我们能够回忆起的只是我们所做之梦的极少的一点片断，然而现代科学的证据却表明我们整夜都在不停地做梦。精神不断活动的观点很难为一般人所接受，因为人们已经习惯于把精神活动等同于意识的活动。荣格同弗洛伊德一样，始终致力于纠正这一错误的观念，然而这种错误的观念却一直延续到今天。

荣格指出，要科学地证明物理能和心理能之间存在着一种对等关系，这是不可能的。然而他相信，在这两个系统之间却存在着某种相互影响。这也就是说，心理能可以转变为物理能，物理能也可以转变为心理能。一个不容置疑的例证是：能够对身体产生化学影响的药物，同时也能够导致心理功能的变化。另一方面，思想和情绪也似乎能够影响人的生理机能。心身医学就正是建立在这一基础之上的。而荣格则应该被看作是这一重要的新医学理论的前驱者之一。

三、心理值

心理值（psychic value）是荣格最重要的动力学概念之一。所谓心理值，是用来衡量分配给某一特殊心理要素的心理能的计量尺度。当很高的心理值被投入一种观念或情感时，也就意味着这种观念或情感拥有相当的力量以左右和影响一个人的行

为。一个赋予美以很高的心理值的人，会投入大量精力致力于美的追求，他会用美的东西来装点他周围的环境、到风景优美的地方去旅游、喜欢美丽的动物、竭力同心灵高尚相貌美好的人交朋友，如果他有才能的话，他会致力于创作美的艺术作品。而一个并不重视美的价值的人则根本不会做上述事情。他可能在审美享受上投入极少甚至根本不投入任何心理能量。与此同时，他可能赋予权力以很高的价值，并在可能使自己获得权力的活动中投入大量的心理能。

　　投入某一心理要素的心理能量值不可能绝对地测定，而只能相对地测定。我们可以拿一种心理值同另一种心理值进行衡量和比较，从而决定其相对强度。我们可以反躬自问，究竟我更爱美还是更爱真理，更喜欢权力还是更喜欢知识，更热衷于财富还是更愿意交朋友，如此等等。更好的办法是我们不妨对自己或他人作一番观察，看看我们自己或别人在各种各样的活动中分别投入多少时间和精力。如果某人每周用于挣钱的时间达四十小时，而用于欣赏大自然之美的时间才一小时，也就不难判断这两种活动分别具有的相对心理值。测定相对心理值的另一种方式，是让一个人在各种不同的事物中作出选择，注意他最后究竟选择什么。还有一种办法就是在他通往某一目标的道路上设置障碍，并观察他在设法克服这些障碍的过程中能够坚持多久。

一个在某一目标上只投入了极少能量的人将很快地放弃克服这些障碍。通过对自己的梦所作的记录，一个人可以相当准确地发现自己的心理值集中的方向。如果他的梦大多与性有关而极少与权力有关的话，那么我们完全可以相信，在他那里性比权力有更高的心理值。

人的精神作为一个动力系统在不断地作出判断和评价，这就是说，不同量的心理能被分配到不同的心理活动中去。被分配给不同心理活动的心理能，在量上是随时发生变化的。今天我们可能把大量的精力准备功课以应付考试，明天我们可能会把大量的精力用于打网球或骑马。任何一个人，他的心理值的比例都不会永远保持一种恒定的模式。

用来测定心理值相对强度的观察方法，只能用来说明自觉意识所具有的心理值，并不能说明存在于无意识中的心理值。如果某一意识活动的心理值突然消逝不知去向，而又没有相应地出现另一种意识活动，那么，根据系统内能量守恒的设想，这一失去了的心理值肯定是跑到了无意识之中。而既然对无意识领域不能作直接的观察，那么为了确定无意识中的心理值，也就有必要采用一些辅助的方法，方法之一就是测定某一情结的聚合力。

正像我们在第二章中说过的那样，情结由一个居中的或核

心的心理要素所组成,围绕着这一心理因素而聚集着一大批次要的联想。这些联想的数量,即是测定这一情结的聚合力或吸引力的尺度。聚合力越大,这一情结所拥有的心理力或心理值就越大。例如,如果某人具有做一个"强大领袖"(strong leader)的情结,那么这一情结的核心,即统治他人的需要,就会把许多相关的经验和联想聚集拢来。这一聚集起来的心理丛将包括像英雄崇拜,以名人自居,承担别人不愿承担的责任,作出使别人认可和赞同的决定,事无巨细都要亲自过问,在一切可能的场合发表自己的看法,竭力获得别人的尊敬与羡慕,等等。每一新的经验都要被这一领袖情结所同化。荣格认为:"如果某一情结有比另一情结更强的同化力,这一情结也就拥有较高的心理值。"

那么,用什么办法才能测定某一情结的聚合力所拥有的能量值呢?荣格提出了四种方法:(1)直接观察和分析推论;(2)情结表征;(3)情绪表达的强度;(4)直觉。

1. 直接观察和分析推论

一种情结并不总是通过有意识的行为来展示其特征。它可以通过梦的形式来显现,也可以通过伪装的形式来显现。因此有必要注意搜集有关的旁证以便揭示其真实意义。分析推论的意义就在于此。例如,某人在与他人相处时可能显得非常卑微恭顺,但人们不久就注意到,这样一个人却似乎总能够达到自己的目的。他属于那种口头上说"不要为我操心",其结果却是让大家都来为他操心的人;或者他总是说:"要是不可能都去的话,那我就待在家里,你们去。"其结果却是人人都极力让他去而把其他人留了下来;或者像这样一位母亲,她先是为了家庭而牺牲自己,接着就因为自己健康不好而受到家人的照顾和迁就。这些人以微妙的方式达到了控制别人(权力情结)的目的,而又可以不招致任何批评指责,因为他(她)们总是那样富于自我谦让和自我牺牲精神。

当一个人大喊大叫地对某一事物表示强烈反对时,他很可能恰好隐藏着对这一事物的强烈兴趣。一个口头上说"我最讨厌背后说人闲话"的人,很可能自己正是最爱背后说人闲话的人。那些口头上说"我不计较报酬,我只是喜欢这工作"的人,很可能也正是首先抱怨薪水太低的人。分析心理学家懂得,不能完全听取那些表面上冠冕堂皇的话,而应该看到隐藏在背后的东西。

2. 情结表征

任何行为的反常都可能标志着某种情结。例如有人可能会把一个他非常熟悉的人的名字叫错。当一个人错用母亲的名字来叫自己妻子的时候,这就提示我们,他的母亲情结已经吞噬和同化了他的妻子。情结也可以表现为对某些非常熟悉的事情阻碍回忆。被压抑的记忆因为同某种无意识情结有一些联系而沉没在无意识之中。此外,对于某种情境的过分夸张的情绪反应,也标志着这一情境与某种情结之间存在着一定联系。

正像我们在前面讲过的那样,荣格运用语词联想的测验,试图在实验条件下,诱发出情结的表征。通过对某一语词的延迟反应,根据这一反应的特点,就可以推算出某种情结在心理值上的强度。

荣格说,如果一个人出现过度补偿,这时候要发现其隐蔽的情结就比较困难。所谓过度补偿,是说一种核心情结,被另一种暂时拥有更高心理能量值的情结所掩盖。而这种情结之所以拥有更高的心理值,是因为这个人故意把他的心理能从"真正的"情结转移到另一种"伪装的"情结上。例如,一个人因为自己缺乏男性气概而有一种自卑情结,为此他可能产生一种过度补偿,这种过度补偿表现为锻炼和展示自己强健的肌肉,夸耀自己的男子汉气质,吹嘘自己的性爱功夫,以及对任何在他看来显得女人气的东西表示反感。这个人属于那种因自己身上的女性气质而自卑,因此就对别人身上的女性气质非常敏感和过分指责的人。

过度补偿的另一种表现是:一个人因为有强烈的内疚情结而故意去犯罪。这种人总是渴望被人惩罚和逮捕,甚至为此而精心策划,以便最终能被逮捕并受到惩罚。这种惩罚的意义在于缓解他的内疚情结,至少是暂时地使他那种犯罪感得到缓和。这种情形常常发生在孩子们身上,他们故意做错事情惹大人生气,但真实的动机与其说是出于好斗挑衅,不如说是出于一种受惩罚的需要。

真正的情结一旦被确证,也就不难得以治愈。如果始终着眼于治疗那个"伪装的"情结,那当然不会有什么成效。

3. 情绪表达的强度

我们已经讲过,过分夸张的情绪反应往往标志着一种潜在的情结。荣格在实验的条件下研究过这些情绪的表现。结合语词联想的测验,他同时还作了脉搏变化的测验、呼吸波动的测验,以及由于情绪性出汗而造成的皮肤导电率改变的测验。当上述变化在给出一个词的同时被测出,这就表明这个词已经接触到某种情结。这时候,测试者就会用属于同一范畴的其他词来继续进行测验,看看是否也能唤起同样的情绪反应。

4. 直觉

除了上面讲过的那些测试、实验、分析和观察,荣格相信还有另外一种发现情结的方法。这是一种天生的和自发的能力。这种能力每个人都具备并用它来察觉别人身上发生的哪怕是最轻微的情绪变化和波动。这种能力就是直觉。直觉在某些人身上特别发达,而在另一些人身上则可能很不发达。我们同一个人的关系越亲密,对他的直觉也就越敏感、越准确。两个人之间如果存在着一种紧张热烈的关系的话,那么,当其中一个人陷入某种情结,另一个人马上就可以发觉。

四、等值原则

心理动力学关心的是心理能在整个心理结构中的分布配置,以及从某一心理结构向另一心理结构的转移。荣格的心理动力学在这个问题上运用了来自物理学的两条基本原理,这就是等值原则(the principle of equivalence)和均衡原则(the principle of entropy)。

等值原则要说明的是:如果某一特定心理要素原来所固有的心理能减退或消逝,那么与此相等的心理能就会在另一心理要素中出现。也就是说,精神能量是不会白白丧失的,它不过是从一个位置转移到了另一个位置。当然实际上,它也可能是同时分散到几种心理要素之中去了。学物理的学生会立刻发现,所谓等值原则,其实就是热力学第一定律或能量守恒定律。

为了进一步弄清这一原则的效应,我们可以作一个类比。如果一个人因为买一双鞋而付出了十元钱,显然,这十元钱本身并没有消逝,它不过是转移到了另一些人的手中。这些人是:商店老板和他的雇员、批发商和他的雇员、工厂主和他的雇员、制革工人以及各种收税人员……与这种情形完全一样,一定的心理能可以从一种值转变为另一种值,或者转变为许多不同的值,转移本身并不消耗任何能量,正像顾客把十元钱递给商店职员时,这十元钱本身并不因此而贬值一样。

其实,问题本来是十分明显的,并不需要借助任何类比。精神活动是不会停下来的,如果它没有做这件事情,那么它就是在做另一件事情。我们都知道,男孩子如果对玩具飞机、连环画和警察与小偷的游戏都不感兴趣了,那么这意味着,他的兴趣和注意力将要转移到汽车、小说和姑娘们身上。某种兴趣的丧失总是意味着新的兴趣的产生。即使当我们已经十分疲倦和沉入梦乡的时候,心灵也在不断地制造着种种复杂的幻觉。白天我们用于思考、感受和行动的心理能,一到夜晚就转移到梦境里去了。

然而有时候,一定的心理能的确像是消失无踪而没有转变为其他活动。在这种情形下,心理能实际上是从意识中的自我转移到个人无意识或者集体无意识去了。构成无意识这两个层面的各种心理结构,为了要进行活动,本身也是需要能量的,而且常常需要很大的能量。我们说过,无意识中的这些活动是不能直接观察到的,只能从一个人的行动去加以推测。一个众所周知的例证就是,心理能从意识向无意识转移,往往发生在子女脱离其父母开始独立生活的时候。这时候在他的无意识中就开始了对某个可以代替其父母的人的幻想。这种无意识中的幻想或迟或早会投射和外化到现实生活中的某个人身上,他可能是一位老师、一名教练或者父母的老朋友。这种转移说明无意识的心理值同意识的心理值有着怎样相同的特征。当子女离开父母独立生活时,子女放在父母身上的心理值仿佛是消逝了,实际上它转移到无意识,并以幻想的形式获得显现。在这之后,它又因为一个可以代替父母的对象的出现而再次回到意识中来,并且仍然保持着与原来大致相等的心理能。我们完全可以肯定,如果一个人的性格突然发生改变(例如从杰凯尔医生变成了海德先生①),其原因就在于心理值的重新分配。无意识心理值对

---

① 受人尊敬的杰凯尔医生发现自己身上同时存在着善恶两种倾向,恶的一面虽然受到压制,但总是渴望得到放纵。杰凯尔医生后来发明了一种药,服用这种药后,杰凯尔医生可以周期性地变成海德先生——一个彻头彻尾的恶棍,然后再恢复自己的本来面目。参看英国作家史蒂文生的著名中篇小说或美国米高梅电影公司改编的影片《化身博士》。——译者注

于人的行为的影响通常不那么富于戏剧性,因而也往往是不明显的。但这种影响却随时随地在发生作用。它影响到我们做梦的内容,甚至造成恐惧症、迷狂症和强迫症这样一些神经精神症的征兆,以及幻觉、错觉和逃避现实的极端退缩行为等精神病症状。正因为如此,人格的心理动力理论特别适用于精神病医生和精神病学家。但正像荣格所反复指出的那样,它们也同样广泛地适用于犯罪与战争、偏见与歧视、艺术与神话、宗教与神秘主义等形形色色的社会现象。

既然人格系统内的心理能量在任何时候都是一定的,那么人格的各个结构显然要围绕这一定的能量展开竞争。如果某一结构得到的能量较多,其他结构所能得到的能量就一定较少。这里我们又可以通过日常生活经验的类比来说明这个问题。设想一个人每月都有一笔数量有限的钱用以开销,显然,他不能用它来购置他想购置的一切东西,所以他不得不在他的各种各样的需要和愿望之间作出选择和安排。同样,整个精神系统也不得不在它的各种心理结构之间,就能量应怎样分配的问题作出决定。实际上,精神系统能够作出这些"决定",所根据的是另一条动力学原理,这条原理我们马上就要讲到。

荣格还指出,在能量从某一心理结构转移到另一心理结构的过程中,一种心理结构的特征也部分地转移到了另一种心理

结构之中。例如当心理能从权力情结转移到性爱情结的时候,寄托于权力上的心理值的某些方面,就会出现在性爱的心理值中。这时候一个人的性爱行为,就含有希望支配其性爱伴侣的性质。但是荣格告诫我们,不要认为前一种情结的一切特征都会转移到后一种情结中去,后一种情结仍然表现出它自身的特征。荣格说:"某种精神活动的力比多可能会转移到一种对物质的兴趣之中,人们因此就错误地相信这种新的心理结构也同样具有精神的性质。"(《荣格文集》,卷八,第21页)荣格提到,两者之间或许存在着某种相似性,然而却有着本质的不同。

作为一种普遍规律,心理能从一种心理结构转移到另一种心理结构,必须建立在等值的基础上。也就是说,如果一个人对某人、某样东西或某种活动有强烈的依恋和深厚的感情,那就只有另一种具有同等强度的心理值的东西,才能代替先前那种东西。然而有时候,新的兴趣爱好并不能吸引其全部能量,这时候,剩余的能量就会跑到无意识中去。

到此为止,我们关于等值原则的讨论还主要是与单个的心理要素或心理值有关。现在我们要讨论的是,当涉及人格的主要结构——自我、阿尼玛、阴影等时,等值原则的作用又是怎样的呢?原则仍然是相同的,尽管它对于行为的影响要更显著。如果大量的心理能从自我转移到人格面具,那么它对于一个人行为的影响将是非常明显的。这个人不再是"他自己",相反,他成了别人想要他成为的那种人,他的人格逐渐具有一种面具一样的性质。

某一心理系统一旦过分发达,就会尽可能地从其他系统那儿夺取能量。当能量被牢牢约束于某一心理系统时,要夺走它是十分困难的。但是当能量并没有被严格地束缚于某一心理系统,或者当能量正从一种系统向另一种系统流动的时候,要夺走它就十分容易。

尽管前面我们曾经举例说明过心理能量可以从自我中转移到人格面具中,然而能量的转移却并不总是采取这种直接的方式。有时候很可能,一方面能量从自我那儿消失了,另一方面它却并没有转移到某一人格系统中,而是同时分散到了好几个人格系统之中。我们也不应该忘记,由于新的能量不断地从外部世界进入到我们的精神中来,因而也就能够在任何心理系统中造成能量水平的增长。使荣格感兴趣的,正是这种持续不断的能量输入,和在整个精神系统中所进行的这种能量的分配和再分配。正是因为对上述问题的兴趣,荣格的分析心理学才成为真正的动力心理学。

总的说来,等值原则要说明的是:当心理能量从一种心理要素心理结构转移到另一种心理要素心理结构中时,心理能的

值保持不变。心理能不会凭空消逝；它可以通过人的各种经验的刺激而增加到人的精神系统中来，却不能从精神系统中排除出去。

五、均衡原则

等值原则说明的只是精神系统中的能量交换，并没有说明能量流动的方向。现在我们要问，为什么心理能偏偏从自我转移到人格面具，却没有转移到阴影或阿尼玛呢？提出这个问题，就像问一个人为什么他买的偏偏是一双鞋而不是一本书或一盒糖。这个人很可能回答说："因为比较起来，我更需要一双鞋而不是一本书或一盒糖。"这一回答同样适用于精神系统中的能量转换。心理能量之所以从自我转向人格面具，原因就在于人格面具比阿尼玛或阴影更需要能量。而它之所以需要能量，则因为它拥有的能量比自我、阿尼玛和阴影拥有的能量少。

在物理学中，能量流动的方向由热力学第二定律即一般所说的熵原理作出了说明。熵原理说的是：在两个不同温度的物体相互接触的过程中，热能将从较热的物体转移到较冷的物体，直到这两个物体的温度完全相等。水在两个容器之间的流动也很能说明这个问题，只要渠道畅通，这时候水的流动方向总是从高位向低位，直到两个容器中的水位完全一样。总之，两个物体一旦相互接触，能量就总是从较强的一方转移到较弱的一方。熵原理的作用总是导致力量的均衡。

熵原理被荣格运用来描述人格的动力状态。这就是：整个心理系统中能量的分配，是趋向于在各种心理结构之间寻求一种平衡。简而言之，如果两种心理值（能量强度）有着不同的强度，心理能就倾向于从较强的一方转移到较弱的一方，直到两方趋于平衡。更复杂一点说，熵原理制约着整个人格系统中的能量交换，其目标是要实现系统内的绝对平衡。当然，这一目标永远也不可能完全实现。应该指出的是：如果这一目标得以实现，也就再不存在什么能量交换，整个精神的作用也就停止了。精神就会出现死寂状态。就像一旦熵的状态完全支配了整个世界，整个世界就会呈现出死寂状态一样。这时候一切生命活动也就停止了。

精神系统内的绝对平衡之所以不可能完全实现，原因就在于人的精神并不是一个完全封闭的系统。来自外部世界的能量，总是不断地加入到人的精神中来。这些新增加的能量不断地打破平衡创造不平衡。当整个人格动力系统由于各结构之间的某种均衡而处于相对静止状态的时候，新的外来刺激可以打乱这种平衡，内心的平静于是被内心的紧张和冲突所取代。紧张、冲突、压抑、焦虑……所有这些感觉都标志着精神的不平衡。心理能量在各种心理结构之中的分配越是不公平，一个人也就越是体验到内心的紧张和冲突。他可以感觉到自己正在被这些内心冲突所撕裂，有时候他甚至真的被这些内心冲突所撕裂。过分强烈的内心冲突和紧张可以导致人格的崩溃，正像过分强大的压力可以导致火山爆发一样。

然而正像荣格指出的那样，原来在能量上不等的两种心理结构或心理值（一种能量很高，一种能量很低），它们在能量上的平衡化可以导致一种强烈持久的综合。这种综合将使得两种心理结构难以彼此分离。试想有这样一个人，这个人的阴影原型比阿尼玛原型更为强大，于是较弱的阿尼玛原型就想从较强的阴影原型那儿汲取能量。但是就在能量从阴影原型中被汲取走的同时，更多的来自外部源泉的能量却又加入到阴影原型之中。这样冲突就仍然在进行，尽管可能只是单方面的。如果冲突最后终于获得解决，两种结构之间达到某种平衡，那么在荣格看来，这种平衡就很难受到外来的干扰。对立面（阴影与阿尼玛）的结合在这种情形下就会是一种特别有力的结合。这个人在他的行为中表现出来的就不仅是单一的男性气概，而是刚强与温柔、力量与怜悯、果断与伤感的混合。对立面能形成这样一种结合，那倒是一件幸事，不过更多的时候却是冲突始终在进行，对立面也不能达到结合。

在阿尼玛和阴影这样一些对立结构之间建立起来的强有力的联合,在人与人之间的关系中也有着极其相似的对应物。两个彼此互不相容的人,最后却往往建立起一种牢不可破的友谊。他们可能吵过无数次嘴,打过无数次架,然而最后总有一天,一切的纠纷都了结了,他们建立起了一种持久的友谊。同样,这样的结局也是少见的,更多的情形倒是斗争继续进行,或者更糟,两人之间的关系以完全破裂而告终。

我们拿人与人之间的冲突来比喻一个人内心的冲突,这种比较并不仅仅是简单的类比,因为正像荣格指出的那样,我们同他人的冲突(以及与动物或其他东西的冲突),即使并不始终是,那么也常常是我们人格内部的冲突所产生的投射作用。一个同妻子闹别扭的丈夫,其实正是在同他自己的阿尼玛原型闹别扭。一个人气势汹汹地讨伐那些他认为是罪恶的、不道德的事情,实际上他所讨伐的正是他自己无意识中的阴影。

我们说过,来自外部世界的刺激,可能因为给人的精神带来新的能量而造成心理的紧张和压抑。在正常情况下,这些新增加的能量可以为人的精神所接纳而不致发生严重的心理失调。但如果由于能量配置的不均衡,人的精神先已处于不稳定状态;或者,如果外来的刺激过分强大以致难以驾驭和控制,人就有可

能建造一种封闭的硬壳来进行自我保护。根据在精神病医院的经验,荣格从精神病患者身上观察到一种情绪反应迟钝。对那些通常会引起情绪反应的情境,这些病人并不作出相应的情绪反应,只有当设法穿破这种精神的硬壳时,才会导致情感的爆发,这种爆发往往是强烈甚至粗野的。

许多正常人也都有保护自己不受外来干扰的种种办法。正像人们说的那样,他们把自己的心灵关闭起来,拒不听取任何可能干扰他的信念的事情。这些人往往有极深的偏见,倾向于保守,反对变化,因为他们在一种既成的心理状态中才感到舒适和安全。由于把自己封闭起来拒不接受新鲜事物,他们就可能趋于熵最大死寂状态,我们说过,这种状态只有在一个封闭的系统内才可能发生。

我们经常谈论年轻人的狂躁和老年人的宁静。殊不知年轻人性格的骚动正是由于来自外部世界和来自身体内部的大量心理能同时涌入他的精神系统。只要想一想发生在青春期的生理变化,再想一想刚刚走出家门的年轻人所突然接触到的种种新鲜事物,这种情形也就不难理解了。对突然一下闯入到人的精神系统中来的大量能量,熵定律不可能很快地就发生作用,给新涌入的能量以充分的处置安排。各种不同的心理值之所以不能迅速达到均衡的状态,原因就在于,不断获得的新鲜经验在不断地产生和创造新的心理值。熵定律当然也要立刻发挥作用，对这些新创造出来的心理值作出相应的处理，但这本身还得有一个过程，而在这个过程完成之前，新的心理值又随着新的经验而不断产生。有时候两种不同的心理值已经差不多达到了某种平衡，突然之间又出现了第三种心理值，从而在前两种心理值中造成能量的再分配。惆怅、迷乱、紧张、不安、焦虑、惶惑，所有这些情感都以反抗、愤怒、爆发和冲动的形式表现出来。既然如此，我们又怎能够期望他们不那么激动和狂暴呢？

至于说到老年人的宁静，实际上年龄本身与宁静并没有任何关系，而是老年人所曾有过的各种各样的经验，已经和谐地融合到人格之中，造成了所谓的宁静。对于老年人来说，任何新的经验都不会使他激动、惶惑，因为相对整个精神所拥有的全部能量，一种新鲜经验所能增加的不过是极少的一点，不会产生在年轻人身上可能产生的影响。

在整个人格动力系统中，均衡原则要付诸实行也还存在着另一种障碍。当某一心理结构高度发达并因而在整个精神系统中占据了一个强有力的位置时，它总是倾向于脱离精神的其他部分而独立出来。它就像一个专制独裁的君主，除了垄断一切新获得的能量之外，还要不断地从其他心理组织中夺走越来越多的心理能量。这时候能量不仅不是从较强的心理组织转移到较弱的心理组织,而是反过来,从较弱的一方转移到较强的一方。这样,整个精神就变得极不平衡;占统治地位的心理结构变得越来越强大,而许多不发达的心理结构则变得越来越弱小。一种强大的情结会吸引大量的新经验,就像一个富裕而又强大的国家可以通过投资和占用新发现的能源而变得更加富裕和强大一样。人格结构中的这一专制倾向可以在一段时间内保持稳定的影响,但或迟或早,由于均衡原则的作用,这个占据统治地位的情结最终要被推翻,这种由于堤坝突然崩溃而造成的某一强大心理结构的能量外流同样也可能导致灾难性的后果。

  荣格指出,任何极端的状态都隐含着它的对立面,某种占统治地位的心理值,经常突然转向它的反面。这就是说,一个有很强大的权力情结的人,很可能突然变得非常卑微、恭顺;或者,一个人格面具极其发达的人,可能突然卸下他的假面具,成为一个对社会有威胁的危险人物。作为一个精神分析专家,荣格有充分的条件和大量的机会,得以从他的病人身上观察到这种人格的突变。一个人的行为和人格发生这种惊人的变化,正是由于均衡原则在起作用。集聚在某一情结中或某一心理结构中的大量能量突然之间全部枯竭,转移到与它对立的方面。由此可见,过分片面发展的人格往往是不稳定的。

  均衡原则在心理结构中的具体体现者是自性原型。我们还记得,自性作为最重要的原型之一,它的任务就是把人格的各种结构整合起来。此外,荣格还提出另一种整合即超越作用,这一点我们将在下一章中加以讨论。

六、前行与退行

心理动力学中最重要的概念之一是心理能的前行与退行(progression and regression)。前行指的是能够使一个人的心理适应能力得到发展的那些日常经验。尽管有些人的人格仿佛已经得到了完全的发展,但这其实是把自觉意识的活动误认为整个心理的适应。既然环境和经验都在不断变化,一个人的进步也就是一个持续不断的过程,因而适应的过程也就永远没有止境。

力比多的前行可以说是同外部世界的要求同步的。从生命开始的那一天起,人就按照他的先天倾向以一种特殊的心理功能去把握世界。由于以一种特殊的方式作为开端,精神活动在方向上就是片面的。如果这种心理功能的片面性占据了太大的优势和太强有力,在它的整个进程中,它就会把一切经验和能量都尽可能地吸收到自身中来。然而毕竟有一天,原有的心理功能不再能够应付和适应环境,这时候就需要有一种新的心理功

能。举例来说,如果情感是一种占优势的心理功能,而新的情况又只有依靠思维功能才能够适应和把握,这时候情感活动就不再适合于这一新的情况。在这种情形下,情感就失去了它的力量,心理能在情感这一心理功能中的前行也就停止了。这一改变使人原有的自信和把握随之瓦解,取而代之的是对各种混乱无序的心理值重新加以协调。这时候此人就会显得无所适从,像"堕入了茫茫大海",主观的心理内容和心理反应也因为找不到出路而聚集起来,这就使人的精神变得十分紧张。

为了重新恢复力比多的前行,两种彼此对立的心理功能(在这里也就是情感和思维)就必须联合起来。思维和情感必须处于一种相互作用、彼此影响的状态,这样才能避免各种心理功能在其发展过程中互不平衡、互不协调的状况。如果这一点办不到,心理能的前行就停顿下来,而两相对立的心理功能也不可能协调起来。

幸亏有心理能的退行出来中止这一冲突,这种不协调才不至于无休止地持续下去。退行是力比多的反向运动。通过对立面之间的摩擦碰撞和相互作用,这些对立面逐渐被退行的过程剥夺了心理能量。力比多的前行把能量赋予心理要素,力比多的退行则把能量从心理要素那里拿走。在整个发生冲突的危机期间,由于退行的作用,对立双方都丧失了心理能,这样新的心理功能才能够逐渐得到发展。这种刚刚发展起来的心理功能一开始还只是在我们的有意识的行为中间接地表现自己。如果接着我们上面所举的例子，那么这种新的心理功能也就是取情感而代之的思维功能。

退行作用使思维得以激活而成为一种新的心理功能，当它刚刚到达意识领域的时候，在形式上显得有点粗糙和陌生，还带有一定的伪装，或者像荣格生动描述的那样，"它身上还带着地层深处的淤泥"（《荣格文集》，卷八，第34页）。所谓"地层深处"，说的是人的深层无意识，思维功能正是从那儿被召唤出来的。当情感还是占统治地位的心理功能的时候，一切心理活动都带有情感的倾向，与其他心理功能（如思维）相关的心理因素能被小心地排斥在外。因此思维功能就从未获得过任何发展机会。只要情感功能仍然占据统治地位，它就始终得不到使用、锻炼和分化。

退行作用激活了无意识中的心理功能，这种新激活的功能现在面临着适应外部世界的复杂任务。一旦新的心理功能在适应过程中取得了初步成绩，力比多的前行就又一次重新开始了。通过前行作用，新的思维功能可以逐渐形成一种确定感和自信心，这种情形正像先前情感倾向伴随着能量的前行，也日益形成着自己的确定感和自信心一样。

　　心理的适应作用并不仅仅意味着对外部世界所发生的事件作出适应,一个人同时还必须适应他自己的内心世界。如果情感在一个人的意识生活中是占优势的心理功能,那么这个人对自己无意识的把握,就会采取一种思维性模式。起初这可能并不成其为问题,然而长此以往,单是思维功能就显得很不够用,这时候情感功能也往往不得不参与进来。这就像在把握外部世界的过程中,当情感功能不够用时,思维功能也不得不参与进来一样。

　　荣格说:一个人"只有当他适应了自己的内心世界,也就是说,当他同自己保持和谐的时候,他才能以一种理想的方式去适应外部世界所提出的需要;同样,也只有当他适应了环境的需要,他才能够适应他自己的内心世界,达到一种内心的和谐"。(《荣格文集》,卷八,第39页)这两种适应作用的相互依赖,意味着忽视其中一种也就必然损害另一种。然而遗憾的是,在现代生活中,人们虽然强调了对日新月异的外部世界的适应和调整,却没有意识到,如果不同时注意对内心世界的适应和调整,对外部世界的适应是不会十分成功的。要达到身心和谐协调,前行作用和退行作用同样都是必要的。

　　荣格指出,退行作用还有另一种好处,因为它激活了无意识中拥有丰富种族智慧的原型。这种种族智慧往往保证了一个人能够成功地解决他在现实生活中所面临的种种迫切问题。譬如,在面临某种危急而又艰难的处境时,英雄原型就可以为这个人提供他所需要的勇气。荣格主张人应该周期性地退缩到自己的内心深处,这样做的目的并不是为了逃避现实,而是为了从无意识能量贮藏所里获得新的能量。实际上我们每天晚上睡觉的时候,就是在从无意识中汲取能量。睡眠为我们提供了沉潜到无意识中的机会,同时它也提供了无意识得以在梦中显现自己的机会。遗憾的是,现代人对梦为我们提供的力量和智慧并没有给予充分的重视。

荣格提醒我们不要把能量的前行和人格的发展混为一谈。前者涉及的是能量流动的方向,后者涉及的则是心理结构心理组织的发展演变即个性化。能量的前行与退行类似于涨潮和落潮。当然,前行作用和退行作用通过激活各种心理结构和心理组织,也可以间接地影响一个人人格的发展。

能量的前行与退行也不应该同外倾和内倾混为一谈。尽管从表面上看,它们有些类似,但实际上,能量的前行与退行都同样既可以以外倾的形式发生,也可以以内倾的形式发生。前行与退行属于能量和动力的概念,而不属于我们在上一章中加以讨论的心理结构和心理要素方面的概念。

七、能量的疏导

心理能也同物理能一样，是可以疏导、改变和转移的。或者，用荣格的话来说，它可以被导向某种方向。

也许通过与物理能的类比，会更有助于澄清和说明心理能的疏导。例如，瀑布作为观赏的对象可以说是赏心悦目，但是除了这种审美价值，它对于人类来说，则几乎没有任何用处。然而一旦通过向下输送的管道把它引导到电站的涡轮上，它就可以产生电能。电能通过电线的传输又可以适用于种种目的。人类总是通过驯服和驾驭各种能源来为人类服务。这种驾驭能源的方式有时候十分简单，例如利用风力鼓动船帆，利用木材和煤炭取暖和做饭，利用水力转动水轮，等等。另一些方式就要复杂得多，例如利用汽油或别的燃料来发动引擎和蒸汽涡轮，以及近年来核电站对于核能的应用等。我们的身体把从食物获得的能量转变为肌肉的能量，我们的精神也同样在转换和疏导着各种精神能量。我们不妨看看根据荣格的说法，所有这些工作是怎样进行的。

人的自然能量来源于人的本能。本能能量如同瀑布一样，其运动始终沿着它自己固有的方向和坡度；而且也同瀑布一样，并不从事任何人类的工作。这种自然能量必须被转移到新的轨道之中,才能从事人类的工作。"正像水电站模仿瀑布并从而获得能量一样,人的心理机制也模仿本能,从而能够将自然能量应用于特殊的目的……本能能量被疏导到本能对象的类似物之中,这样就实现了本能能量的转化。"(《荣格文集》,卷八,第42页,重点系荣格所加)这种类似物,也就是荣格所说的象征(symbol)。水电站就是瀑布的象征。

现在我们再来看看荣格所说的"工作"(work)究竟是什么意思。一个完全按本能生活的人——也就是说,与文明人刚好相反的自然人,他的生活同动物一样,完全服从于本能的需要,需要始终与本能保持同步。他饿了就吃,渴了就饮,性欲勃发的时候就交媾,受到惊吓的时候就逃跑,发怒了就拼斗,疲倦了就睡觉。他遵循本能为他规定的方向和轨道,就像河水遵循河床为它规定的方向和轨道流过田原乡间一样。这一切就像烟要袅袅上升,鲑鱼要游到河的上游去产卵,候鸟冬天要迁徙到南方去一样自然。

处在自然状态中的人没有文化,没有象征形式,没有技术的发展,没有社会组织,没有学校和教堂……只有当自然能量开始转入文化的和象征的轨道时,才有荣格所说的"工作"。

那么这种转变要怎样才能发生呢?荣格的回答是,通过模

仿和制造类似的东西。任何一种东西都有与它相似的另一种东西。例如,力的物理学概念就起源于我们对自己肌肉力量的感知。

能量疏导的一个很好的例证是澳大利亚土著举行的春天仪式(spring ceremony)。"他们在地上掘一个洞,周围放上许多灌木,使它看上去仿佛是女人的生殖器。然后他们就围着这个洞跳舞,手执长矛位于身体的前方以代表勃起的阴茎。他们一边围着洞跳舞,一边把手中的长矛掷入洞中,同时口中发出'不是洞,不是洞,是阴道'的喊叫。……毫无疑问,这是一种能量的疏导,是以舞蹈和模仿性行为的方式,把能量向本能对象的类似物转移。"(《荣格文集》,卷八,第42—43页)

还可以引证许多例子来说明这种能量的疏导。普韦布洛印第安人的野牛舞,是年轻人未来的狩猎活动的准备和预演。澳大利亚阿朗塔斯(Aruntas)部落的土著,在他们部落的某一成员被另一部落的人杀死以后,就要举行一种仪式,这时候死者的头发被用来缚住那些已被选中的复仇者的阴茎和口唇。这就使他们分外地愤怒,从而也就更加刺激起复仇的火焰。在原始部落中还有许多这样的仪式,如保证大地丰产的仪式和舞蹈,祈雨的仪式和舞蹈,驱魔的仪式和舞蹈,准备战争的仪式和舞蹈,使妇女多产的仪式和舞蹈,希望获得力量、权力和健康的仪式和舞蹈。所有这些仪式的复杂和烦琐表明：为了使心理能量从日常生活习惯的自然方向上转移到一种新的活动中来，需要付出多大的努力。这种努力完全可以与修建水电站以获得电力的工程相比较。

所有这些原始仪式的意义和价值就在于，它们把人的注意力转移到将要进行的工作和将要完成的任务之中（例如捕杀野牛或种植庄稼），因而也就增加了成功的机会。这些仪式的作用就像是一种训练和安排，以便使人对他将要从事的工作做好精神上的准备。

荣格告诫我们，重要的是要记住：象征虽然类似它所象征的东西，却不能等同于这些东西。水在河床中流动虽然与电在电缆中流动相似，然而电流毕竟不同于水流。上面说到的舞蹈虽然明显地模仿着性交，然而它毕竟不是性交。钻木取火类似于性行为，然而也毕竟不是性行为。文化的和技术的活动虽然有与本能活动相似的起源，但是一旦它们产生和发展起来，也就有了它们自己独立的性质和特征。关于人类制造象征的倾向，我们将在第六章中继续讨论。

荣格注意到现代人更多地依靠意志而不是依靠仪式。他一旦决定他应该做什么事情，他就径直去做这件事情并学会怎样做好这件事情。除非作为娱乐，否则他绝不在舞蹈和颂诗仪式

中浪费时间。当然荣格也指出,当对于某种新的冒险缺乏成功的信心的时候,现代人也仍然要借助于仪式甚至巫术的活动。

"意志活动"也同样要制造出原始本能的类似物(象征)。这些相似的对象和相似的活动对于人的想象起一种刺激和鼓舞的作用,因而人的精神总是被它们所吸引、笼罩和占据。这就给人的心灵以一种刺激,使它为这一对象而作出各种各样的努力,从而在它身上获得新的发现。如果没有这种刺激,所有这些发现都是根本不可能的。荣格注意到现代科学其实是原始巫术的派生物。科学的时代使人类掌握和驾驭自然现象的梦想变成了现实。通过把能量从人的本能引导到本能的科学象征之中,人类已经能够改造整个世界。如同荣格所说的那样,"我们有一切理由……给象征以应有的尊敬,因为它作为最有贡献的手段,把纯粹本能的活动改造为一种有效的工作"(《荣格文集》,卷八,第47页)。

在物理自然中,只有极小一部分自然能可以转变为有效的工作能,绝大部分都仍然保持其自然状态。本能能量也是如此:只有一小部分可以被用来制造象征,更大的部分仍然保持其自然趋势以维持生命的运转。只有当我们创造设计出一种强有力的象征时,我们才能够依靠"意志活动"成功地将一部分力比多(心理能)从自然能转化为心理能。

尽管力比多专门被用于维持人格系统，却仍有一定的能量闲置不用，因而有利于创造新的象征。力比多有这种剩余，是由于人格系统不能成功地在系统内部平衡能量强度所导致的。举例来说，如果心理能由人格面具输送到阿尼玛原型，而阿尼玛原型又不能吸收其全部能量，就会有一些能量剩余出来。正是这些剩余能量最适合被疏导转移来创造新的象征（类似物）。这些新创造出来的象征将引导我们从事新的活动、产生新的兴趣、获得新的发现和走向新的生活方式。这种剩余精力（力比多）使人类能够从自然本能的产物开始，经过迷信和巫术的阶段，走向科学、技术和艺术的现代纪元。当然，有时候这种剩余的能量也被用于破坏的甚至是残暴的目的，可见"意志活动"既可以用于创造也可以用于毁灭。

八、小结

人的精神是一个相对闭合的能量系统。其能量（力比多）主要来自通过感官进入到精神系统中来的各种经验。心理能的一个比较次要的来源是本能能量，然而本能能量的绝大部分仅仅被用于纯粹本能的和自然的生命活动。被投入到某一精神因素中的能量的总和被称为这一精神因素的心理值。一种心理值的

强度只能相对地估计而不能绝对地测定。

整个精神系统中能量的分配是由两条原则决定的。等值原则说明的是：一定的能量一旦从某一心理成分中消失，与之相等的能量就必然出现在另一个或另一些心理成分之中。均衡原则要说明的是：心理能总是倾向于从高能量的心理结构中转移到低能量的心理结构中，直到双方在能量值上相等。

力比多可以沿着两个方向流动。前行流动用于适应外部情境，退行流动用于激活无意识心理内容。本能能量可以转移到新的活动之中，只要这一活动类似于或象征着本能活动。这种转移称之为能量的疏导。

荣格心理动力学中的关键性概念是心理能或力比多、心理值、等值原则、均衡原则、前行作用与退行作用以及能量的疏导。

〔参考书目〕

Jung, C. G. *Collected Works*. Princeton, N. J.: Princeton University Press.

Vol. 8. *The Structure and Dynamics of the Psyche.*

第四章

人格的发展

如果父母的一方或者双方企图把他们自己的精神发展方向强加给子女，这就会给子女精神的发展造成不良的影响。有时候父母又企图鼓励子女片面发展他们自己所不具备的那些心理素质，借此来获得一种心理上的补偿，这也会给儿童的精神发展带来不良影响。

有两条理由可以说明为什么心理治疗学家需要很好地掌握人格的发展过程。理由之一是从事心理治疗的人所见到的通常是从儿童到老年的各年龄段的病人。年轻人跟老年人相比,其心理状态处在不同的发展阶段。因此,年轻人带去见心理治疗学家的问题,也不同于老年人需要得到帮助、解决的问题。一个人在前半生的问题主要牵涉本能的适应,而一个人在后半生的问题却常常与对自身存在的适应有关。

理由之二是心理治疗要想取得成效,就必须促进病人的精神成长。什么是成长,成长过程的性质,怎样促进病人精神的成长,这些都应该是心理治疗学家的基本知识。

荣格从自己丰富的经验中,总结了许多与人格发展有关的基本概念。我们在这一章中所要讨论的正是这些概念。

一、个性化

个体的精神是从一种浑沌的、未分化的统一状态中开始的。在这之后,正像一粒种子成长为一棵大树一样,个体的精神也发展为一个充分分化的(fully differentiated)、平衡和统一的人格。虽然完全的分化、平衡和统一的目标很难达到(如同荣格所指出的那样,只有耶稣和佛祖才达到了这种水平),但至少,这正是人格发展所选择的方向。这种自性实现的努力和使人格臻于完美

的努力是一种原型,也就是说是与生俱来的先天倾向。没有一个人可以不受这种统一原型的强有力的影响。然而这种原型如何表现,一个人在实现这一目标的过程中能否成功,所有这些问题却可能因人而异。

荣格有关人格发展问题的关键概念是个性化(individuation)。我们在第二章中描述过的各种人格系统,在人的生命过程中会变得越来越富于个性。这不仅意味着每一个心理系统会分化得不同于别的系统,而且更重要的还在于,每一个系统的内部也发生了分化,从单纯的结构成长为复杂的结构,其情形正如虫蛹变成蝴蝶一样。复杂性意味着一种结构能够以多种方式表现自己。举例来说,没有获得充分发展的自我只有很少一点简单的自我意识方式,当它逐渐个性化之后,它的全部自觉行为就大大地扩展了。个性化了的自我能够在它对世界的各种知觉中获得很高的鉴别力;它能够领悟表象与表象之间的微妙关系,能够深入到各种现象的意义中去。

同样,人格面具、阿尼玛、阴影和集体无意识的其他原型,以及个人无意识的各种情结,当它们逐渐个性化之后,也会以更加微妙更加复杂的方式表现自己。当荣格指出人是在不断地寻找着更好的象征时,他的意思是说:在个性化的进程中,人需要更复杂、更精致的自我表现方式。举例来说,简单的儿歌和游戏能够使儿童满意,却不能满足个性化了的成人。成人需要的是更加复杂的文学、艺术和宗教的象征,以及种种社会机构的象征。

个性化是一种自律的、固有的过程,这意味着它并不需要外部刺激方能存在。个体人格注定要个性化,这正像人的身体注定要成长一样地不容置疑。但正像身体的健康成长需要一定的营养和锻炼一样,人格也需要一定的经验,一定的教育,才能健康地个性化。而且,正如身体由于饮食不当和缺乏锻炼,可能畸形病态、发育不全一样,人格也同样可能由于经验不足或教育不当而发展得畸形片面。正如荣格指出的那样,现代世界没有给阴影原型的个性化提供充分的、适当的机会。儿童身上表现出来的动物本能通常是要受到父母的惩罚的。但惩罚只是压抑却并不能消除阴影原型——没有什么东西能够使阴影原型彻底消失。受到压抑的阴影原型返回到人格的无意识领域,并在那里保持着一种原始的尚未分化的状态。这样一旦它突破压抑的屏障——而这一点随时都可能发生——它就会以凶险的病态的方式来表现自己。现代战争的野蛮和肆虐,色情文学的粗俗和淫秽,就正是这种未分化的阴影的显现。

只有通过自觉的意识,人格系统才能进入个性化。教育的最终目标也许就在于,或者说正应该是使一切无意识的东西成为意识到的东西。教育,正如这个词的词源所表明的那样,是从一个人身上发掘出那些已经以萌芽的形态存在于那儿的东西，而绝不是用灌输知识来填补本来是空白的心灵。

为了使一个人的精神得到健康的发展，就必须给人格的各个方面以均等的机会去实现个性化。因为如果人格的某一方面被忽略，这个被忽略了的方面就会以一种不正常的方式表现自己。某一系统的过分发展会造就一种褊狭的人格。试想要是儿童们生活在这样一种环境中，这种环境强调的是传统的行为准则，儿童们在他们不喜欢某种东西时不得不假装喜欢，在他们喜欢某种东西时又必须假装不喜欢。他受的教育使他不能按自己的方式去思想和行动，而必须按传统的价值观念去思想和行动，那么，按荣格的话来说，他就会过分地发展自己的人格面具。这个人的自觉行为就会显得缺少热情、缺少活力和缺少自发的冲动，以致他根本就是一个面具，一个社会的傀儡。

心理治疗本质上是一种个性化的过程。在《心理学与炼金术》一书中，荣格考察了表现在病人的幻觉和梦中的个性化进程。在另一篇题名为《个性化过程研究》（载《荣格文集》，卷九，一分册）的文章中，个性化过程通过荣格的一位女病人所作的一组水彩画获得了表现。绘画表现为曼荼罗①形式，一种其中包含

---

① 曼荼罗（mandala），来自梵文，原意是圆圈，印度人用来指宗教仪式中处于迷狂状态的巫师所画出的圆形图案，其中往往含有对称的十字形。荣格认为曼荼罗图案作为无意识原型的象征，几乎遍布世界各地，"它在每一种文化中都曾经出现过。今天我们不仅在基督教的教堂内，而且在西藏的寺院里也能找到它"。（《荣格文集》，卷十五，第 96 页）——译者注

着极其复杂的对称图案的圆形(代表人的精神)。对这些图案的分析揭示了这位女子的个性化过程。荣格发现,病人通常并不讳言画这些曼荼罗图案会产生一种安慰缓和的心理效果。在荣格的《曼荼罗象征考察》一文(载《荣格文集》,卷九,一分册)中,读者可以看到经过复制的53幅曼荼罗图案。

二、超越与整合

人格的整合(integration)在荣格心理学中是最重要的主题之一。人格既然是由这样许多不同的系统组合而成,其中有些还是彼此冲突的,那么,这种整合又怎么可能实现呢?例如,阴影与人格面具就很难成为一个统一整体的不同部分。

正如我们已经知道的那样,趋向整合的第一个步骤,是人格的各个方面的个性化。第二个步骤则受到荣格所说的超越功能(transcendent function)的控制。超越功能具有统一人格中所有对立倾向和趋向整体目标的能力。荣格说,超越功能的目的"是深藏在胚胎基质中的人格的各个方面的最后实现,是原初的、潜在的统一性的产生和展开"。超越功能是自性原型借以获得实现的手段。同个性化的过程一样,超越功能也是人生而固有的。

上面说到个性化和整合作用是彼此分离的两个步骤。但实际上它们是并驾齐驱的,从而分化和统一在人格的发展中就成了同时并存的过程。它们齐心协力,共同达到使个性获得充分实现这一最高成就。

且让我们看看男人人格中的男性方面与阿尼玛原型的整合,借以说明什么是超越。一个人人格中的这两种心理要素都同时有权利通过表现为意识活动而获得个性化,与此同时它们也都倾向于结合为一种统一的形式。这就是说,每一种意识活动都要同时表现男人天性的两个侧面。不是导致对立与分裂,而是造成和谐的统一。一个把自己的阿尼玛原型和男性心态整合在一起的人,在性格行为上并不是时而以男性方式,时而以女性方式表现自己。他绝不是一半男人一半女人。我们毋宁说,在这对立的两方已经形成了一种真正的综合,因此也可以说,除了生理上的区别,精神的超越实际上已经消除了两性的界限。

当然,完美无瑕的个性只不过是人格全力以赴的一种理想。如果说有人曾经达到过这一理想境界的话,那也是极其罕见的。

于是,人们必然要考虑,是一些什么样的因素在妨碍着人格和个性的实现即充分的分化和充分的整合。荣格相信,遗传因素可能造成一种特殊的、偏向某一方面发展的人格。一个人可能生来就有外倾或内倾的强烈倾向;他可能注定要成为情感型的人而不是思维型的人；他的阿尼玛原型或者阴影原型可能在天性上就比较强或比较弱。遗传对于人格的影响是一个我们迄今还不甚了解的课题。

影响人格发展的另一个重大因素是环境。荣格同所有伟大的心理学家们一样，是一位社会批评家。他对各种各样的社会环境因素作了认真的分析，识别出了那些在他看来确实阻碍和扭曲着人格的健康发展的因素。当然，环境也同样可能有助于人格的发展，那是当它有利于人的天生素质发育并且有助于使它们达到平衡的时候。一旦它剥夺了人们必需的精神营养，或者提供有害的精神食粮，这时候它就必然妨碍人格的成长和发展。

1. 父母的作用

所有研究过人格发展的心理学家都强调这样一个自明的命题，即父母对于子女性格的发展起着极其重要的作用。人们因为子女的过错而谴责其父母，有时也因为子女的良好品行而称赞其父母。荣格自然也不否认这一不言而喻的真理。

然而关于父母对子女人格的影响，荣格却提出了某些相当新奇的看法。首先，他认为在儿童生命的最初岁月里，他们还没有独立的个性，这时候子女的精神完全反映着父母的精神。因

此，父母的精神失调也必然要反映到子女的心理中来。从而对于儿童的精神治疗，也就有很大一部分是对其父母精神的分析。荣格甚至说，儿童的梦与其说是反映儿童自己的心理，不如说是反映了他们父母的心理。他在对一个病例的描述中讲到，他曾分析过一个父亲的心理，而这种分析是通过这位父亲的年幼的儿子所做的梦来进行和完成的。这时候儿子所做的梦就是父亲精神状态的一面镜子。

子女入学以后，他与父母在精神上的同一就开始逐渐减弱并逐渐形成他自己的个性。当然也还存在着这样的危险，即父母以各种方式继续主宰着子女的精神发展，例如过分的关心和保护，在一切事情上代替子女作出选择和决定，不让他们获得广泛的人生经验，在这种环境氛围下，儿童精神的个性化就会受到阻碍。

如果父母的一方或者双方企图把他们自己的精神发展方向强加给子女，这就会给子女精神的发展造成不良的影响。有时候父母又企图鼓励子女片面发展他们自己所不具备的那些心理素质，借此来获得一种心理上的补偿，这也会给儿童的精神发展带来不良影响。举例来说，内倾的父母可能希望自己的子女像他们一样养成内倾的性格，或者希望自己的子女与他们不同而具有外倾的性格。不管是前一种情形还是后一种情形，都会导致子女在人格发展上的不平衡。而如果子女成为父母争夺的对象,彼此都想对他施加不同的影响,其结果则只会更加有害。

母亲对于子女的影响不同于父亲对于子女的影响。男孩子从母亲那儿受到的影响,决定着他的阿尼玛原型的发展方向,他从父亲那儿接受的影响,则决定着他的阴影原型发展的方向。女孩子的情形则刚好相反。无论父亲或母亲,都同时影响着子女人格面具的形成。

2. 教育的影响

我们在第一章中讲到,荣格在学校读书的期间,曾经有过许多不愉快的经历体验。老师们往往并不理解他。许多指定给他学习的课程内容又往往十分沉闷。也许正因为回忆起自己的学校生活,荣格在对从事教育工作的人的大量谈话中,反复强调教育者必须懂得青少年的心理发展。他认为教师对于学生人格发展的影响,与教师对学生智力发展和知识积累的影响同样重要。因而,教师对学生所进行的教育也应该包括心理学的内容。更重要的是,应该向那些将要成为教师的人强调,他们必须首先对自己的人格和个性有清醒的认识。否则,当他们走进教室的时候,就会把他们自己的情结和烦恼投射给学生。正像子女的心灵反映着父母的精神状态一样,学生的心灵也反映着教师的精

神问题。既然期望每一个教师都事先接受分析治疗是不现实的,荣格因而建议他们对自己所做的梦做一个记录,以便从这些夜间显现的无意识心理内容中,或多或少地获得一些对自己的认识。

在荣格看来,教师无疑将对孩子们的精神和人格的个性化发挥最大的影响,这种影响甚至比父母的影响还大。教师的任务是使学生身上那些无意识的东西成为自觉意识到的东西。而学生们通过不断地向教师提供新鲜的经验,提供能够从本能中汲取能量的象征,反过来也扩大和拓展了教师自觉意识的领域。教师的职责是注意和发现孩子们在人格发展上的不和谐,并帮助他们发展和加强他们精神中薄弱和不足的方面。教师应鼓励那些片面发展的思维型学生表现和发展其尚未分化的情感功能,鼓励那些性格内向的学生发展其外倾心态。对女教师来说,特别重要的一点是掌握男孩子们的阿尼玛原型;而对男教师来说,特别重要的则是掌握女孩子们的阿尼姆斯原型。然而,教师最重要的任务还在于认识每一个学生的个性,从而帮助这些不同的个性获得平衡的发展。

3. 其他影响

社会作为个人生活的环境对于人格的整合也有很大的影

响。荣格指出社会风尚的改变同人们对人格类型的选择紧密相关。在某一历史时期,情感可能更为人们所重视;而在另一历史时期,思想则可能较为流行。阿尼玛原型可能在一段时期遭受压抑,而在另一时期则可能受到重视和鼓励。人格的不平衡往往是由于这些不断变化的社会风尚所导致的。20世纪60年代后期,男性的阿尼玛原型和女性的阿尼姆斯原型开始以较大的加速度走向成熟和个性化。与此同时,人格面具却开始削弱和衰落。自觉意识的扩张成为战后出生的一代人追求的目标。

荣格说,不同的文化类型可能喜爱不同的人格类型。例如,在东方,内倾型和直觉型的人更受欢迎,而在西方,外倾型和思维型的人则更受重视。

个性化的过程绝不仅仅发生在个体的身上,它也发生在人类的历史长河中,发生在文明人和野蛮人之间。现代人比古代人,文明人比野蛮人是更加个性化了。在实际生活中这意味着旧的思维模式和行为规范不再能够满足现代人的精神需要。用荣格的话来说,现代人需要的是更为复杂的象征,借以表现其更高的个性化程度。文艺复兴是一个翻天覆地的大时代,在这段历史时期中,许许多多新的象征被创造出来。荣格断言,我们今天所需要的,是象征的新的复兴。如果找不到更好的象征,所有那些受压抑的和未能得到发展机会的无意识原型,就会以原始

粗野的、自我毁灭的方式发泄和释放出来。

有一段时间，宗教在帮助人们发展个性和整合人格方面，发挥过比今天大得多的作用。宗教能够发挥这样的作用，是因为它为个性的实现提供了各种强有力的象征。当教会机构逐渐更多地卷入到像社会改革这样的世俗事务之中，而极少注意保持和发挥原型象征的活力的时候，宗教对于个人精神发展的原有价值就跌落了。荣格撰写了大量有关心理学与宗教的文章，他的观点对一些教会人士已发生了有力的影响。这种影响所产生的结果之一就是牧师咨询的发展。所谓牧师咨询，就是由受过分析心理学训练的牧师提供在宗教范围内的各种咨询。近年来，特别是在年轻人中间，出现了各种类型的宗教体验的新浪潮，这很可能也部分地是由于受到荣格著作的影响。

三、退行

在上一章中我们已经讨论过退行这一概念。在心理动力学的范围内，退行指的是力比多的倒流。在这一章中，我们将从人格发展的角度来考察所谓退行。

人格的发展既可以沿着向前进行的方向，也可以沿着后退回归的方向。力比多的前行意味着自觉意识自我调节着现实环境与精神的需要，使它们彼此处于和谐的状态。而一旦来自外界的挫折和剥夺打破了这种和谐，力比多就从环境的外部价值中撤回，转而投入到无意识中的内部价值上。这种返回人自身的行动被荣格称为退行。只要在遭受挫折的时候，人能够从无意识中找到解决他面临的问题的方法，退行对于调整一个人的精神是有好处的。我们还应该记得，无意识中同时容纳着个人和种族在过去形成的聪明智慧。正因为如此，所以荣格把随时从喧嚣的世界中退却出来，使自己沉浸在一种宁静的冥思之中，作为一种维持和实现人格和谐与整合的手段给予了高度的赞赏和推崇。许多富于创造力的人都保持周期性的回归，以便通过发掘无意识的丰富资源，使自己获得新的活力。荣格本人也通过退隐到他的波林根别墅来实践他的主张。

　　当然，我们每天晚上都退回到睡眠之中。这时候心灵几乎完全与外界脱离而回归到自身并从而制造出梦境。这种夜间发生的朝向无意识的退行作用，可以给一个人提供有用的信息和建议，使他意识到阻碍他人格发展的障碍物的性质，以及克服这些障碍的方法。遗憾的是，人们对自己的梦并不十分重视。而在荣格看来，梦是精神智慧的丰富源泉。几乎他的每一部著作都阐述了如何运用对梦的分析来理解人格的原型基础。我们将在第六章中继续讨论荣格对梦的看法。

前行和退行在人格发展中的相互作用,可以通过下面的例子来说明。一个人把他的人格面具片面发展到这样一种地步,以致他几乎就是一个完全按社会舆论和传统行事的机器人。其结果是他逐渐变得沉闷乏味、心不在焉、牢骚满腹、急躁易怒、抑郁寡欢。直到最后,他终于感到有必要改变他那种庸俗虚伪的生活,并且也真的这样做了。他卸下了他用来逢迎社会的刻板面具,在自己的无意识深处发现了隐蔽的富藏。这样,当他重新回到日常生活之中的时候,他变得朝气蓬勃、精力充沛,成为一个富于创造力和自发性的人,不再是一个按他人意志行事的玩偶。传说中常常讲到的一个人的再生,以神话的方式表达了退行的好处和意义。

遗憾的是,上述例子是理想化了的情形。在现实生活中,许多人虽然也发现他们被囚禁在传统和习俗之中,然而却以诸如酗酒、赌博、殴斗和纵欲来作为调剂,在这些活动中他们最终什么也没有学会。

四、人生的阶段

尽管人格的发展在人的一生中是一个连贯的过程,但在这个连贯的过程中却仍然存在着某些重大的变化和转折,因此人们也就可以谈论所谓人生的阶段。不同于莎士比亚描绘的人生七个阶段，荣格区分了四个不同的阶段。

1. 童年

童年阶段从出生的那一天开始，一直持续到青春期或性机能成熟之前。从出生到此后的几年内，儿童实际上不可能面临任何问题。问题的提出需要一个意识的自我作为其先决条件，而婴儿却没有这样一个意识的自我。当然，他已经有了最初的意识，但他在各种知觉方面却缺乏甚至根本没有任何组织整理的能力。他的记忆也是非常短暂的。这样，在他那里也就没有意识的连贯性和自我的认同感。在这个时期，他的全部精神生活都服从本能的制约和支配。他完全依靠父母，生活在父母为他提供的精神氛围之中。他的行为是自发的和任意的，缺乏条理与控制，完全处于混沌状态。当然，本能使他的行为具有某些秩序和条理：他会周期性地感到饥渴和要求吃喝，吃饱了喝足了以后他会排泄，疲倦了以后他又会酣睡。尽管如此，他的生活秩序仍主要是靠父母来为他作出计划安排。

童年阶段的后期，自我开始形成。一方面由于记忆延长的缘故，一方面由于自我情结能量化和个性化了的缘故，在自我情结周围集中起来的知觉就获得了人格的同一感。这时候儿童开始以第一人称"我"来称呼自己。当他走进学校以后,他开始突破父母对他的包围,从父母的精神卵翼下孵化出来。

2. 青年

这一阶段的到来以青春期发生的生理变化为标志。"这种生理上的变化伴随着一场心理上的革命"(《荣格文集》,卷八,第391页),荣格把它叫作"精神的诞生",因为这时候精神开始获得了它自己的形式。当青年人以旺盛的精力和激动的心情来确证他自己的时候,这种精神上的革命尤其明显。在整个青春期内,精神承受着问题和烦恼,决定与选择,需要对社会生活作出各种不同的适应,因此青年人对于父母或其他同龄人来说常是不能容忍的。所有这些问题和烦恼,往往产生在童年的幻想突然破灭,个人面临严峻的生活需要之时。

如果个人事先有充分的准备,并且具备足够的知识和进行适当的调节,那么这种从童年活动到职业工作的转变就不会遇到多大的困难。但要是他始终执着于童年的幻想,不能清醒地面对现实,那就必然导致无穷的痛苦和烦恼。

每个人开始踏入肩负一定责任的社会生活时,都怀着某种希望,这种希望有时候会破灭,其原因往往由于它与个人的实际生活处境不相适应。譬如有这样一个年轻人,他在整个青年时期一直计划做一名飞行员,但后来他发现自己的视力达不到标准,他的希望也随之而破灭。像这种希望就很不容易转向其他职业。希望破灭的另一个原因在于:一个人往往不能正确对待自己的理想,他可能过分乐观,也可能对此抱一种过分悲观的态度,于是过高或过低地估计了他将要面临的种种问题。

一个人在青年阶段面临的困难,并不完全是那些与外部事务有关的问题,例如职业问题、婚姻问题等等。他所面临的问题往往也可能是内心精神上的困境。荣格注意到,这些问题往往是由性本能所导致的精神平衡失调,同样也往往可能是由极端敏感和紧张所导致的自卑感。

青年时期的许多心理问题,常常具有一个共同的特点,这就是固守和执着于意识的童年阶段。我们内心深处的某些情感(一种儿童原型)宁可始终停留在儿童的水平上而不愿意变得成熟起来。

一个正处在人生第二阶段(青年阶段)的人,他所面临的任务更多地与外倾的心理值有关。他必须奋力开辟他在生活中的位置。由于这一缘故,锻炼和增强自己的意志力就显得特别重要。男青年和女青年们必须具有充分的意志力,才能在生活中作出正确有效的选择,才能克服他面临和将要面临的无数障碍,才能满足他自己和他的家庭的物质生活需要。

3. 中年

人生的第二阶段大致结束于35到40岁之间。一个人到了这种年龄，或多或少都能够成功地适应外部环境了。他在事业上已经站住了脚，已经结婚并有了孩子，并且积极参与公共事务和社会活动。人们很可能认为：除了某些偶然的挫折、失望和不满，中年人一般都在一种相对安定的状态中度过他的后半生。

然而实际情形却并非如此。在一个人的后半生中，往往会出现一些奇怪的、意想不到的复杂问题。这时候他的主要任务是围绕一套新的价值重新调整他的生活。从前用于适应外部生活的心理能，现在必须用来投入到这些新的价值中。

为什么人到35岁以后还需要重新发现新的价值，这些价值的本质是什么？荣格认为，这是一些精神价值。这些精神价值始终存在于人的心中，然而却一直被忽略和忘记。它之所以被忽略忘记，是因为在整个青年时期，外倾的和物质的兴趣更多地受到重视而片面膨胀。把心理能从青年时期建立起的那些旧的渠道和方向上转移到新的渠道和方向上来，这一要求本身就是对人生的一次重大挑战。许多人并不能成功地应付这一挑战，从而很可能导致其生活的崩溃。

以往的心理学家们很少注意到人生的这一重要阶段，他们宁可集中精力专门研究幼儿、童年、青春期和老年。只有极少数心理学家愿意从事中年心理学的研究,荣格就是其中的一个。荣格说,他不能不关心这一问题,因为他的病人有许多(大约三分之二)正处在这一人生阶段。人们自然也会想到,荣格本人在这一过渡时期的经历体验,会不会也是致使他对人的中年时期感兴趣的原因。荣格36岁那年写出了《转变的象征》,这本书标志着他同弗洛伊德关系的破裂,并为他后来的著作和思想奠定了基础。他在自传中提到,在这本书出版之后,紧接着他就沉寂了很长一段时间。我们可以猜测,正是这段沉寂的时期,他孕育着所有那些新的精神价值。

荣格的病人中有许多是那些在事业上取得了杰出成就的社会名流。这些人往往才智出众、富于创造力。为什么他们反倒需要向荣格求教?这是因为,正像他们在同荣格的私人谈话中承认的那样,生活不仅使他们丧失了热情和冒险精神(这还可以被认为是由于年龄的缘故),而且生活本身也完全失去了意义。从前他们认为极重要的事情,现在已不再显得重要。他们的生活似乎完全是空虚的和没有意义的。他们因此而感到抑郁沮丧。

荣格发现了造成他们这种抑郁沮丧的原因。这就是:起初,为了得到某一社会地位,心理能大量地投入到那些外在兴趣

上;而现在,由于这一目标已经实现,能量也就相应地从这些外部兴趣方面收回。这种能量的收回和价值的丧失在他们的人格中造成了一种空虚。

治疗的办法是什么？答案是十分清楚的。必须唤起和形成新的价值以取代旧的价值并从而填补精神的空虚。然而并非任何新的兴趣都可以发挥这一作用。它们必须是这样一些价值,这些价值能够在纯粹的物质考虑之外扩展人的视野。这是精神的视野,文化的视野。在这种时候需要通过静观、沉思和反省而不是通过实际活动来获得人的自性的完善。正像荣格所说的那样,"对那些还没有能够适应生活,迄今一事无成的年轻人,最重要的事情是尽可能有效地形成他的意识的自我,也就是说要进行意志的培养……另一方面,对那些人到中年,不再需要培养自觉意志的人来说,为了懂得个体生命和个人生活的意义,就需要体验自己的内心存在(inner being)"。(《荣格文集》,卷十六,第50页)

4. 老年

这是指一个人的晚年,荣格对此不太感兴趣。从一方面看,老年类似于童年。他沉溺在无意识中,不断地考虑着"来生",这个来生的他,将要重新上升为意识。老年人越来越深地沉溺于无意识并最终消逝于其中。

一个人的身体死亡之后,他的人格也就不再存在了吗?死后还有没有另一种生活?对心理学家来说,提出这样的问题未免有些荒唐。但荣格并不回避考察有关"来生"的问题。他知道,一种为世界上这么多人所深信的信念,一种成为许多宗教的重要构成因素的信念,一种成为无数神话和梦幻的主题的信念,不应该简单地被当作纯粹的迷信,轻蔑地予以打发,置之不理。在人的无意识中,必定存在着这一信念的基础。来生的观念,可能代表着精神的个性化进程中的另一个阶段。可以推测,在人的身体死亡之后,精神生活还会继续存在,因为这时候人的精神还没有获得完整的自性实现。

五、小结

人格的成长包括两种相互交织的趋势:一种是构成全部精神的结构的个性化;一种是把所有这些结构统一为一个整体(个性)的整合作用。人格的成长过程要受到许多条件积极的或消极的影响,包括遗传和父母的影响,以及教育、宗教、社会、年龄等条件。人到中年的时候,他的精神和人格的发展会出现激烈的变化。这主要指由对外部世界的适应转向对内部存在的适应。

〔参考书目〕

Jung, C. G. *Collected Works*. Princeton, N. J.: Princeton University Press.

Vol. 8. *The Structure and Dynamics of the Psyche*.

Vol. 9i. *The Archetypes and the Collective Unconscious*.

Vol. 12. *Psychology and Alchemy*.

Vol. 16. *The Practice of Psychotherapy*.

Vol. 17. *The Development of Personality*.

第五章

心理类型

荣格始终如一地坚持他的一贯立场，这就是，对一个人的天性的任何强制性改变都是有害的。……在荣格看来，父母的作用是尊重子女的权利，使他们按自己内在天性所指引的方向去发展，并为他们提供这种发展所需要的一切条件和机会。父母和子女之间发生的种种冲突，大部分都是由于这种性格类型的不相容所导致的。

1921年,荣格发表了他关于心理类型的研究成果。他在前言中写道,这本书是他"在实用心理学领域中将近二十年研究工作的结晶。它从精神病医生对神经症的治疗所获得的无数印象和经验中,从与各种社会阶层的男人与女人的接触中,从与朋友和敌人的私人关系中,最后,从对我自己心理特点的反省中,逐渐地成型并发展起来"。(《荣格文集》,卷六,第11页)

　　荣格在《心理类型》一书中取得的成就具有双重的重要性。他识别并描述了一系列基本的心理过程,揭示了这些过程怎样以不同的组合决定一个人的性格。他致力于把研究普遍规律和过程的一般心理学,转变为描述一个特殊个体的独特性格和行为的个性心理学。正如荣格所说,其结果是一种非常实用的心理学。"发现人的心理有着多么巨大的差异,这是我一生中最了不起的经验之一。"(《荣格文集》,卷十,第137页)

　　我们将要看到,通过首先提出基本的心态和功能,接着描述由这些心态和功能的不同配置和组合而产生的个体类型,抽象概念是怎样应用到个人情形中的。不言而喻,类型是一些抽象范畴,那些具有相似但并不一定相同的性格的人,被归入到这些类型之中。但即使在同一类型中,也没有两个个体具有完全相同的人格范型。

一、心态

荣格在外倾和内倾两种基本心态之间所作的著名区分,构成了他的分类系统的一个方面。为了充分理解这些关键性术语的含义,有必要首先区分另外两个概念:客观的与主观的。客观的涉及一个人身外的、他生活于其中的世界。这是一个人与物的世界,传统与习俗的世界;政治的、经济的、社会制度的世界,以及一切物质条件的世界。这个客观世界被归结为环境、外界或外部现实。主观的指内在的和个人的精神世界。它是个人的世界,因为它不能被局外人直接观察到。它十分隐秘,甚至常常不能直接被自觉意识所接纳,而往往只有通过心理治疗者的帮助,通过对梦的分析,才能接触到这些无意识的心理要素。

在外倾型的人那里,心理能(力比多)被引导到客观外部世界的表象之中,它被投入到对客观对象、人与物、周围环境条件的知觉、思维和情感之中。而在内倾型的人那里,力比多流向主体的心理结构和心理过程。外倾是一种客观的心态,内倾则是一种主观的心态。

这两种心态彼此排斥,它们不能同时并存于意识之中,尽管它们可以而且确实是交替地进入意识。一个人可能在某些时候

是外倾的,而在另一些时候则是内倾的。但是,在一个人的整个一生中,通常是其中一种心态占据优势。如果是客观的倾向占据优势,这个人就被认为是外倾的;如果是主观的倾向占据优势,他就被认为是内倾的。

内倾型的人喜欢探究和分析他的内心世界;他是内向的、孤僻的,过分地全神贯注于自己的内心体验。在别人看来他可能显得冷漠、寡言、不喜欢社交。外倾型的人则把注意力集中在和他人的相互交往中,他总是十分活跃和开朗,对周围的一切都很有兴趣。

所谓一种心态与另一种心态相比占据优势,其实不过是一个程度问题。一个人只是或多或少地属于外倾型或内倾型,他并非整个都是外倾的或者整个都是内倾的。"只有当外倾机制占据优势时,我们才把一种行为模式叫作外倾的。"(《荣格文集》,卷六,第 575 页)

何况,在无意识中也还存在着一种与在意识中得到表现的心态刚好相反的心态,这种相反的心态把内倾与外倾的区分搞模糊了。意识中的外倾恰恰是无意识中的内倾,而意识中的内倾则恰好是无意识中的外倾。这正是无意识在人的心理中具有补偿作用的一个例证。

需要指出的是:无意识的心态具有与意识的心态完全不同的特征。自觉意识的外倾或自觉意识的内倾通过有意识的行为

直接表现一个人的外倾或内倾。这种行为作为外倾的行为或内倾的行为可以很容易地被人们观察到。我们大家都能够识别一个孤僻的、心不在焉的、脱离现实的人。他看上去仿佛沉溺在他自己的思想之中。而补偿性的无意识心态则不能敞开来表达自己,因为它始终是受到压抑的。尽管如此,它毕竟间接地影响着人的行为,就像一个人表现得反常、表现得与自己极不协调的那样。譬如说吧,当一个平时开朗的人突然变得抑郁、矛盾和孤僻的时候,我们就会感到惊奇。"他怎么搞的?谁在折磨他?"我们会问。而答案却是:他的无意识。他正暂时地处在他长期压抑的内倾心态的控制之下。

无意识心理过程并不如意识的心理过程那样可以得到很好的发展和分化,因为被压抑的心态造成的影响就具有一种使行为显得原始粗野的倾向。关于这一点,一个最能说明问题的例子是,一个内倾的人会根本没有任何理由就突然疯狂地乱砍乱杀起来。此外,按照荣格的梦补偿理论,外倾型的人在他的梦中是一个内倾型的人,而内倾型的人在他的梦中则成了外倾型的人。

二、心理功能

心理功能在荣格的心理类型学中具有与心态同等的重要

性。心理功能有四种：思维、情感、感觉和直觉。思维由彼此联结的观念组成，以便形成一个总的概念，或形成一个解决问题的答案。它是一种渴望理解事物的理智功能。

情感则是一种价值判断的功能。它根据一种表象唤起的是愉快的体验还是不愉快的体验而决定接受还是排斥这一表象。

思维和情感都被认为是理性的功能，因为两者都需要作出一种判断。思维就两种或更多的观念（表象）之间有无真实的联系作出判断；情感则就一种表象（观念）是愉快的还是厌恶的、是美的还是丑的、是令人激动欣喜的还是沉闷乏味的作出判断。

感觉是一种感官知觉，它既包括所有通过感官刺激（声、色、嗅、味、触）而产生的意识经验，也包括那些来源于人体内部的感觉。直觉是一种直接把握到的而不是作为思维和情感的结果而产生的经验（体验）。在这一点上它同感觉完全一样，两者都不需要任何判断。直觉不同于感觉之处在于，具有某种直觉的人本身并不知道这直觉来自何处，是怎样发生的。直觉是出其不意地出现和降临的。感觉通常可以通过指出刺激的来源而获得解释，例如说"我牙疼""我看见一条鲸鱼"。但当一个人直觉或预感到有什么事情将要发生时，如果有人问他是怎么知道的，他只能回答说："我从骨子里觉得就是这样"，或者干脆是"反正我知道就是了"。直觉有时候又被叫作第六感官或者超感知觉

(extrasensory perception)。

感觉和直觉被认为是非理性功能,因为它们不需要任何根据和理由。它们是一种心理状态,通过作用于个体的刺激的变化流动而逐渐形成。这种变化流动没有方向和意图。它与思维和情感不同之处是它没有任何目标。人们感觉到的一切无不来自当前的刺激,而人在内心深处直感到的,依据的则是未知的刺激。荣格使用非理性一词并不意味着它与理智相冲突。感觉和直觉只不过是与理智完全无关而已,它们是非理性非判断的。

荣格给四种心理功能下的定义非常简练。"这四种心理功能符合于四种明显的意识方式,意识通过这些方式使经验获得某种方向。感觉(感官知觉)告诉我们存在着某种东西;思维告诉你它是什么;情感告诉你它是否令人满意;而直觉则告诉你它来自何处和去向何方。"(《人及其象征》,1964年,第61页)

由于所有这些心理功能的不同特性还要取决于它们是与外倾心态还是与内倾心态相结合,所以有必要讨论八种不同的组合。

三、心态与心理功能的组合

外倾思维利用的是由感官刺激提供给大脑的信息。激发思维过程的对象是某种存在于外部世界的东西。例如,种子是怎样发芽生长的,水为什么加热到一定温度就会变成水蒸气,语言是如何被人掌握的……人们往往希望对这些问题作出解释。荣格发现,许多人往往把这看作是唯一的思维类型,然而实际情形却并非如此。荣格认为,事实上还存在着一种内倾思维,即一种主观性思维。人除了对所有那些来自外部世界的信息进行思考外,还要思考自己内在的精神世界。我们不妨说内倾思维者感兴趣的是某种思想观念本身。他当然也可能搜集外部世界的事实来验证他自己的思想。在科学中,这种思维被称为演绎思维,与之相对的则是归纳思维。在归纳思维中,所有的概念和假设都来源于并且建立在事实材料的基础上。内倾思维者还可能不断反思他自己的想法而不考虑它们与外部世界有否关联。

外倾思维型的人是比较实际和注重实践的,他是解决实际问题的能手。

外倾情感受客观外在标准的制约。一个人觉得某种东西美或者丑,仅仅因为它符合或不符合传统的固有的审美标准。由于这一缘故,外倾情感往往倾向于保守,倾向于符合传统规范。而内倾情感却同内倾思维一样,是由于内在的主观的条件,特别是由来自原型的原始意象激发起来的。既然这些内在的原始意象既可能是思想意象也可能是情感意象,因而一旦思想意象占据优势,其结果就必然导致内倾思维,而一旦情感意象占据优势,其结果则必然导致内倾情感。内倾情感往往是原始的、不同寻常的和富于创造性的,有时候则由于背离一般人的习惯而显得古怪和反常。

在外倾感觉中,所有的感觉都取决于人所面对的客观现实的性质;而在内倾感觉中,所有的感觉则是由某一特定瞬间的主观现实决定的。在前一种情形中,知觉直接地再现了客观对象;它们是来自外部世界的心理事实。而在后一种情形中,知觉则受到心理状态的严重影响,它们仿佛是从心灵深处产生出来的。

外倾直觉力图从每一客观情境中发现多种可能性,并且致力于不断地从外部世界中寻找新的可能性。内倾直觉则致力于从精神现象,特别是从来自原型的原始意象中寻找各种各样的可能性。外倾直觉游移于各种客观对象之间,内倾直觉则游移于各种主观意象之间。

现在让我们看看心态与心理功能的这些不同组合怎样表现为个体的行为模式。这些表现方式构成了荣格的心理类型学,它包括八种不同的心理类型。像荣格那样,我们也要对这些不同类型的典型表现作一番描述。但是不言而喻,在每一种人格类型中,实际上存在着许多程度不同的人格层次。

四、个体的类型

1. 外倾思维型

  这种类型的人使客观思维上升为支配他生命的激情,典型的例子就是科学家。这些科学家为了尽可能多地认识客观世界而奉献了自己毕生的精力。他的目标是理解自然现象、发现自然规律、创立理论体系。达尔文和爱因斯坦在外倾思维方向上获得了最充分的发展。外倾思维型的人通常倾向于压抑自己天性中情感的一面,因而在别人眼中,他可能显得缺乏鲜明的个性,甚至显得冷漠和傲慢。

  如果这种压抑过分严厉,情感就会被迫采取迂回曲折甚至病态反常的方式来影响他的性格。他很可能变得专制、固执、自负、迷信、不接受任何批评。而由于缺乏情感,他的思想很容易变得枯燥乏味。这种人中最典型、最极端的就是所谓"科学狂",或周期性地变成一个精神反常的怪物的所谓"化身博士"[①]。

  [①] 化身博士系英国著名小说家史蒂文生同名小说中的主人公,他典型地体现了人格的二重性。参看本书80页译者注。——译者注

2. 内倾思维型

这种类型的人的思维是内向性的。哲学家或存在主义心理学家就属于这种类型，他们希望理解的是他个人的存在。在极端的情形下，他探测自身的结果可能与现实几乎不发生任何关系，他最后甚至可能割断与现实的联系而成为精神病患者。他具有与外倾思维型的人相同的许多性格特征，因为，与外倾思维型的人一样，他也不得不随时保护自己不受压抑在无意识中的情感的纷扰。他往往显得冷漠无情，因为他并不重视其他人。他渴望离群索居以便沉溺于玄想。他并不在乎他的思想是否为别人所接受，尽管他很可能有那么几个与他属于同一种类型的人作为他的忠实信徒。他容易变得顽固执拗、刚愎自用、不善于体谅他人；容易变得骄傲自大、敏感易怒、拒人于千里之外。随着这种倾向的加强，被压抑的情感功能很可能以变态和狂热的方式对其思维施加影响。

3. 外倾情感型

这种类型的人使理智服从于情感，荣格发现它更多地体现在女性身上。由于她们的情绪随外界的变化而不断变化，所以往往显得反复无常。外界的任何一点极轻微的变化都可能导致她们情绪的变化。她们往往多愁善感、浮夸卖弄、过分殷勤、强烈地依恋于他人（而这种依恋又往往是短暂的昙花一现的）；她们的爱可以轻而易举地转变为恨；她们的情感没有什么新颖的内容，完全是一套陈词滥调；她们总是乐于追逐最时髦的风尚。由于思维功能受到过分的压抑，外倾情感型的人的思维过程通常是原始的、不发达的。

4. 内倾情感型

这种类型的人通常也更多地见之于女性。她们不像外倾情感型的人那样炫耀自己的感情，而是把它深藏在内心。她们往往沉默寡言、难以捉摸、态度既随和又冷淡，并且往往有一种忧郁和压抑的神态。然而她们也往往能够给人一种内心和谐、恬淡宁静、怡然自足的印象，往往在别人看来显得具有一种神秘的魅力。她们属于那种所谓"水静则深"的人。事实上，她们也确实有某种深刻强烈的情感，这种情感有时会出乎亲人朋友的意料而爆发一场情感风暴。

5. 外倾感觉型

这种类型的人（主要是男人）热衷于积累与外部世界有关的经验。他们是现实主义者、实用主义者、头脑清醒但并不对事物

过分地追根究底。他们按生活的本来面貌看待生活,并不赋予生活以自己的思想和预见。但他们也可以是耽于享乐、追求刺激的。他们的情感一般是浅薄的。他们的全部生活仅仅是为了从生活中获得一切能够获得的感觉。他们中典型的极端者或者成为粗陋的纵欲主义者,或者成为浮夸的唯美主义者。他们可以根据感觉倾向,耽溺于各种不同类型的嗜好,具有变态行为和强迫行为。

6. 内倾感觉型

和所有内倾型的人一样,内倾感觉型的人也远离外部客观世界,他沉浸在自己的主观感觉之中。与自己的内心世界相比,他觉得外部世界是淡然寡味、了无生趣的。除了艺术之外,他没有别的办法表现自己,然而他创作的作品又往往缺乏任何意义。在外人看来他可能显得沉静、随和、自制,而实际上由于在思想和情感方面的贫乏,他往往并不是一个十分有趣的人。

7. 外倾直觉型

这种类型的人(通常是女性)的特征是异想天开、喜怒无常;他们从一种心境跳跃到另一种心境,借以从外部世界中发现新的可能性。一个问题还没有解决,他们就又在渴望解决另一个新问题了。由于缺乏思维能力,他们不可能长期顽强而又勤奋地追随某一直觉,而不得不跃向新的直觉。他们可以作为新企业或新事业的推动者和发起人而作出特殊的贡献,但他们却不能把自己的兴趣始终维系在那上面。他们忍受不了日常事务的烦琐,他们赖以生存的营养是那些新奇的东西。他们容易把自己的生命虚掷在一连串的直觉上,最终却一事无成。他们不是什么靠得住的朋友,尽管他们同别人每打一次新的交道,总是对由此而导致的各种可能性抱着极大的热情。而结果往往是他们由于缺乏持久的兴趣而无意之中伤害了别人。他们有许许多多的兴趣爱好,但很快就会厌倦并放弃这些爱好,而他们自己也很难固定地从事某一种工作。

8. 内倾直觉型

这种类型的人中最典型的代表是艺术家,但也包括梦想家、先知、充满各种幻觉的古里古怪的人。内倾直觉型的人往往被他的朋友们看作是不可思议的人,而他自己往往把自己看作是不被理解的天才。由于他与现实和传统都不发生任何关系,他也就不能有效地与他人交流沟通,甚至也不可能与同一类型的人交流沟通。他禁闭在一个充满原始意象的世界里,而对这些原始意象的含义,他自己却并不理解。和外倾直觉型的人一样,

他也从一个意象跳跃到另一个意象,始终在寻找着新的可能性。但他的全部努力却从来也没有超出过他自己的直觉范围而使自己得到进一步的发展。由于他的兴趣不能始终停留在一个意象上,他就不能像内倾思维者那样,对心理过程的理解作出深刻的贡献。但不管怎样,他却拥有可供别人思考、整理并加以发展的绚丽多彩的直觉。

以上总结了我们提出的八种性格类型。需要再次提醒读者的是,我们用来说明每一种性格类型的模式都是一些典型的极端的模式。所谓极端,指的是某种意识倾向高度发达,因而在无意识中受到压抑的另一种倾向实际上没有能够得到发展。而由于它没有能够得到发展,它也就不能像在许多较为正常的情形中那样,与这种趋于极端的意识倾向相抗衡而发达到一种平衡的效果。正因为我们对八种性格类型的说明都着眼于典型的极端的情形,所以读者会觉得这种对不同性格的描述更接近于漫画而不是写真。

当然,更为常见的倒是一个人同时既是外倾型的又是内倾型的,并且能够同时运用四种不同的心理功能,只是各自所占的比重不同而已。不过一般说来,一个人总是要么更接近于外倾,要么更接近于内倾。两种心态在一个人身上达到完全的平衡,这种情形极其罕见。同样,一个人也总是倾向于更多地发挥某一种心理功能而较少发挥其他三种心理功能。荣格把这种在一个人身上得到更多发挥的心理功能称为主导功能，除此之外，当然也还有辅助功能。不过辅助功能是为主导功能服务的，它没有自己的独立性。因此它也就不可能与主导功能相抗衡。由于思维功能和情感功能都是理性的功能，所以它们彼此不易成为对方的辅助功能，而倾向于相互冲突和对立。感觉功能和直觉功能作为两种非理性功能，其情形也是一样。感觉和直觉可以成为思维或情感的辅助功能，思维和情感也可以成为感觉和直觉的辅助功能。我们不妨设想有这么一个人，他的主导功能是思维功能，而他同时又能利用他的感觉所提供的信息来辅助他的思维。同样，直觉也可以成为思维的辅助功能，它可以提供某种预见和灵感，而思维则可以对它们进行反复思考，把它们想深想透。事实上，许多最有成就的人往往都把思维同直觉结合起来，并通过这种结合做出成就。情感和直觉的配合，其情形也是一样。如果说前者（思维与直觉的结合）容易产生伟大的科学家和哲学家，那么后者（情感和直觉的配合）就容易产生伟大的艺术家。从理论上讲，如果有这么一个人，他的两种心态四种功能都同样发达同样适用，那这当然是最好不过的事情。但是实际情形却并非如此。在人的心理的各种不同成分之间始终存在着事实上的不平等，虽然人的精神作为一个有机整体总是在努力

追求和谐与平衡。

尽管每个人的心态和心理功能的组合都有自己独特的模式,然而却不可能有谁缺失任何一种心态和心理功能。如果任何一种心态或心理功能不见之于他的自觉意识,那么它肯定是躲藏到无意识中去了,就在那里它也仍然要对一个人的行为施加影响。荣格坚持认为,处在无意识中的东西不可能获得个性化,因而将始终停留在不发达的未开化的原始状态。而一旦它突破压抑的防线,就可能干扰和妨碍一个人的生活甚至导致病态反常的行为。在这个意义上可以说,隐藏在无意识中未得到发展的心理功能,对于人的自觉意识是一颗潜在的定时炸弹。

因此,对一个人的性格的评定,就应该包括对每一种心态和心理功能的发展程度的估计,以便确定它们是处在分化和发展了的自觉意识状态,还是处在未分化未发展的无意识状态。而正确的评定只能来自对一个人的长期观察和深入分析。一般说来,这类数据只能通过长期的精神分析才能得到。为了缩短这种鉴定的程序,已经发明和设计了多种测试方法,这些方法旨在测定各种心态和心理功能获得自觉表达的强度。例如向受测试的人提出一连串问题或要求他作一系列选择,这些问题和选择涉及他的兴趣、爱好和习以为常的行为方式。例如,如果他回答说宁愿待在家里读书也不愿出去参加一次聚会,这就表明他可能是内倾型的人。而如果他回答说他喜欢经历和体验各种各样的事情，这就表明他可能是感觉型的人。

五、各种实际考虑

一个人的心态和心理功能的模式是由什么决定的？荣格坚信，是由在儿童身上很早就显露苗头的那些先天因素决定的。这种先天固有的模式，由于受到父母和社会的影响而可能发生改变。由于同一个家庭的兄弟姐妹可能具有彼此不同的性格类型，由于子女的性格类型可能不同于父母的性格类型，因而，导致子女改变其先天性格类型的家庭压力可能会很大。一个内倾情感型的母亲，可能希望她的外倾直觉型的女儿转变成她自己那种性格类型的人。一个外倾思维型的父亲则可能要求他的内倾感觉型的儿子变得和他自己一样。荣格始终如一地坚持他的一贯立场，这就是，对一个人的天性的任何强制性改变都是有害的。他深信父母对子女施加的这种影响如果真的发生了作用，那么往往注定了这孩子在今后的生活中会成为神经症患者。在荣格看来，父母的作用是尊重子女的权利，使他们按自己内在天性所指引的方向去发展，并为他们提供这种发展所需要的一切条件和机会。父母和子女之间发生的种种冲突，大部分都是由

于这种性格类型的不相容所导致的。

荣格指出：在某一特定的历史时期，某种性格类型可能比另一种性格类型更受到普遍的重视和欢迎。他发现在他从事著述的年代即20世纪的前五十年中，外倾型，特别是外倾思维型和外倾感觉型是更受欢迎的，相反，内倾型的人却被人瞧不起。他相信内倾型的人一直背负着这种社会歧视的沉重包袱而感觉到压抑。那么，内倾型的人是不是应该使自己的力比多转而流向外部世界，以便符合社会的普遍标准，使自己成为所谓"健康"的外倾型人呢？如果事情果真如此，那么内倾型的人就不得不扮演一个虚伪的角色，而扮演这种角色最终只能给他自己带来更多的挫折和内心冲突。相反，如果他始终面对社会的批评保持自己的本来面目，他就会发现自己始终与社会不协调。但尽管存在着这种两难的处境，为了保持心理的健康，较好的选择还是听凭自己的天性。

婚姻和恋爱对象的性格类型，对一个人的心理健康也极为重要。不能绝对地说相反的性格类型比相同的性格类型更为适合或者更不适合。一切都取决于这种结合是造成彼此性格的相互补充还是相互冲突。如果一个外倾思维型的人同一个内倾情感型的人结婚，他可能因为对方恰好表现了他自己人格中受压抑、受忽视的方面而在共同的生活中获得一种补偿和满足。这样他们的结合就可能成为很好的一对。但如果这个外倾思维型的人反感和排斥内倾心态和情感表现，那么对方的性格行为就会每时每刻都使他感到恼怒、不能容忍。试想，如果一个沉默寡言的内倾情感型的人和一个寻求刺激的外倾感觉型的人结为夫妇，或者，如果一个浮想联翩的外倾直觉型的人和一个冷峻严谨的外倾思维型的人结为夫妇，可能导致什么样的结局。除非彼此都刚好补充了对方的不足，否则其结果只能是互相作践，使对方痛苦烦恼，一刻也不得安宁。如果有人以为他可以在婚后改变对方的性格，那么荣格警告他，这是办不到的。

同样，也不能保证说同一性格类型的人就可以相处得很好。诚然，在意识领域内他们彼此具有共同的心态、共同的兴趣、共同的追求和理想，所有这些都可能使他们的关系更为和谐融洽。然而与此同时也存在着这样一种危险，即他们的共同兴趣会使他们共同的优势心态和心理功能发展到极致的程度，以致更加压抑了别的心态和心理功能。如果发生这种情况，被压抑的心态和心理功能就会变得更加强烈，很可能以一种毁灭性和粉碎性的方式爆发出来。可见，在性格类型上过分相似的人，也同样可能给对方造成痛苦和烦恼。

在荣格看来，和谐注定只能建立在个体人格之中，不可能建立在希望从他人得到补偿的结合上。尽管人不可能通过在两种心态和四种心理功能中平均分配心理能量而获得完全的心理和谐,但人却可以通过使各种心态和心理功能尽可能充分的个性化,通过不要人为地压抑任何一种心态和心理功能,而把这种不平等和不和谐限制在最小的程度上。片面性(one-sidedness),这个荣格经常谈论的话题,只能导致有害的甚至灾难性的后果。最理想的友谊和最理想的婚姻,只有在那些充分个性化了的人之间,只有在那些各种心态和心理功能都得到充分发展的人之间,才能建立起来。

每一种性格类型都有发展为某种神经症或精神病的可能。外倾情感型的人容易发生癔症,内倾情感型的人容易患神经衰弱,其症状是疲劳、衰弱、乏力。感觉型的人容易患恐惧症(phobias)、强迫症(compulsions)和迷狂症(obsessions)。所有这些病症都来源于严厉的压抑,通常为外界的巨大压力所诱发。

在选择职业的时候,事先考虑到自己的性格类型,这对一个人来说也极为重要。一个内倾型的人要想成为一名汽车推销员,或者一个外倾型的人要想成为一名会计,都是绝对办不到的。感觉型的人可以成为很好的警察、消防员,然而却只能成为拙劣的教师和牧师。直觉型的人可以成为很好的修理工或故障检修员,却不可能成为固定在生产线上反复做同一种工作的工厂工人。情感型的人应避免从事要求具备抽象思维能力的工作；思维型的人则应避免从事需要丰富情感的职业。然而遗憾的是，由于社会的压力和人们的自我中心主义，以及其他各种影响，人可能选择的恰恰是与他的性格类型相冲突的职业。其结果则是使他自己变得郁郁寡欢、牢骚满腹，甚至情绪失调，成为错误选择职业的牺牲品。如果他继续勉强地从事并追求这种职业，不惜牺牲自己心理的稳定和精神的安宁，那么，他肯定逃脱不了后果严重的精神疾患。苏格拉底的名言"认识你自己"，对所有的人都是一个极其重要的忠告。

最后，值得一提的是荣格的心理类型学受到某些心理学家的严厉批评，这些心理学家认为人不能截然划分为八种或八十种不同的类型，每一个个体都是独特的、不可重复的，而并非某一类型的成员。这些批评表明他们完全误解了荣格的本意。荣格不是要讨论个人心理的独特性，这在他看来是不言而喻的。荣格心理类型学的价值在于：它强调了使得人与人彼此不同的那些性格特点，并为区分这些特点提供了一个体系。两种心态四种功能存在于每一个人的人格结构中，然而在每个人身上又有不同的比重，不同的意识水平和无意识水平，有的获得了充分的个性化，有的则没有得到充分的个性化。总之，荣格的心理类型学作为一种体系是用来描述和说明个性的不同和差异，而绝不是要把一切人都还原和简化为一成不变的八种类型。

六、小结

荣格的心理类型学包括外倾和内倾两种不同的心态,以及思维、情感、感觉、直觉四种心理功能,总共构成八种不同的性格类型。这些心态和功能有的在自觉意识方面获得了发展,有的则停留在无意识水平未获得发展,这中间程度的变化和差异,导致了一系列个性的差异。

〔参考书目〕

Jung, C. G. *Collected Works*. Princeton, N. J.: Princeton University Press.

Vol. 5. *Symbols of Transformation*.

Vol. 6. *Psychological Types*.

Vol. 10. *Civilization in Transition*.

Jung, C. G. *Man and His Symbols*. Garden City, N. Y.: Doubleday, 1964.

第六章

象 征 与 梦

象征也是人的精神的表现；它是人的天性的各个不同侧面的投射。它不仅力图表现种族贮藏的和个体获得的人类智慧，而且还能够表现个人未来注定要达到的发展水平。人的命运、人的精神在未来的进化和发展，都能通过象征为他标志出来。

荣格对象征化过程进行了长期深入的钻研。在这个专题上他比其他任何心理学家都有更多的著述和研究。他的十八卷文集中有五卷是专门研究宗教和炼金术中的象征的。实际上他在他的全部著作中也都频繁地讨论到这一问题。可以毫不夸张地说,原型和象征是荣格最重要的两个基本概念。而这两个概念又是彼此紧密关联的。象征是原型的外在化显现,原型只能通过象征来表现自己。之所以如此,原因就在于原型深深地隐藏在集体无意识中,它对于人们来说是未知的和不可知的。尽管如此,它始终影响和指导着人的意识和行为。因此,只有通过对象征、梦、幻想、幻觉、神话、艺术的分析和解释,才能或多或少地对集体无意识有所认识。

荣格在他的早期著作《转变的象征》中就是这样做的。而且,正是这本写于1911年的书标志着荣格对弗洛伊德教导的背离,并在此后的几年内,最终导致两人关系彻底破裂和在事业上分道扬镳。更重要的是,这本书为荣格此后在人类精神领域中的一系列重要发现奠定了坚实的基础。

一、放大

《转变的象征》是对一位年轻的美国姑娘的一系列幻想所做

的深入分析。荣格把他在其中使用的分析方法叫作"放大"（amplification）。这种研究方法要求分析者本人就某一特殊的语言要素或语言意象，尽可能多地搜集有关的知识。这些知识可以来自种种不同的渠道：分析者本人的经验和知识；产生这一意象的人自己所作的提示和联想；历史资料和考证；人类学和考古学的发现；以及文学、艺术、神话、宗教等等。

举例来说，这位年轻姑娘写了一首诗，题目叫作《逐日的飞蛾》。诗中写的是一只飞蛾希望只要从太阳那儿得到哪怕是一瞬间"销魂的青睐"（one raptured glance），就宁可心甘情愿地幸福死去。荣格专门以38页篇幅的一章来放大这一飞蛾逐日的意象。在这一放大的过程中，他旁征博引，涉及歌德的《浮士德》，阿普勒乌斯（Apuleius）的《金驴》、基督教的以及埃及和波斯的经文（texts），涉及和引证了马丁·布伯（Martin Buber）、托马斯·卡莱尔、柏拉图、现代诗歌、尼采、精神分裂症病人的幻觉、拜伦、西拉诺·德·贝尔热拉克[①]和许多别的资料。不难看出，这种放大的方法需要分析者本人具有相当渊博的学识。在与本书作者的一次谈话中，荣格把他拥有的这种涉及多种学科的广泛知识，归功于在他那里接受治疗的各种各样的病人。这

---

① 西拉诺·德·贝尔热拉克（Cyrano de Bergerac），1619—1655，法国剧作家。——译者注

些病人中有许多受过专门的和良好的教育。荣格不得不掌握他们的专业，这样才能对他们的梦和象征进行分析放大。假如一位正在接受荣格分析治疗的病人是一位理论物理学家，那么，他就很可能用现代物理学的术语和概念来表达他的情结和原型。而因此荣格也就必须懂得现代物理学的有关知识。

放大的目的是理解梦、幻想、幻觉、绘画和一切人类精神产物的象征意义和原型根基。例如，对那首"飞蛾之歌"的意义，荣格是这样说的：

"在太阳与飞蛾的象征下，我们经过深深的挖掘，一直向下接触到人类精神的历史断层。在这种挖掘的过程中，我们发现了一个深深埋藏着的偶像——太阳英雄（the sun-hero），'他年轻英俊，头戴金光灿烂的王冠，长着明亮耀眼的头发'，对一个人短促有限的一生来说，他是永远不可企及的；他围绕大地旋转，给人类带来白昼与黑夜、春夏与秋冬、生命和死亡；他带着再生的、返老还童的辉煌，一次又一次地从大地上升起，把它的光芒洒向新的生命、新的世纪。我们这位梦想家正是以她的全部灵魂向往和憧憬着这位太阳英雄，她的'灵魂的飞蛾'为了他而焚毁了自己的翅膀。"（《荣格文集》，卷五，第109页）从太阳英雄的象征中，我们看到了一种原型的再现，它产生和来源于人类无数世代所共同经历和体验到的太阳的伟大光芒和力量。

此外,荣格对炼金术也给予了极大的重视和关注。人们一般以为,中世纪的炼金术士们企图点铁成金,把普通金属变成金子。然而所谓炼金术,实际上是一套极其复杂的哲学,这套哲学是以化学实验的方式表达出来的。在整个中世纪,哲学家们和科学家们都严肃而又郑重地看待这一问题,人们就这个问题撰写了大量的文章著述。在这个基础上才产生出化学这门现代科学。

荣格对这一课题极感兴趣,因为他感觉到炼金术哲学和炼金术实验作为一种象征,即使不是全部,至少也是多方面地揭示了人的那些通过遗传而禀赋的原型。荣格以他特有的研究热情,阅读、通晓和掌握了大量有关炼金术的文字著述,并专门写了两大卷书来论述它对于心理学的意义。

对心理学家们来说,特别有趣的是《心理学与炼金术》这本书。荣格在这本书中阐述了中世纪炼金术的象征以怎样的方式,重新出现在一位正接受分析治疗的人的梦和幻觉中。这个人生活在20世纪,对炼金术一无所知。然而在他的梦中,许多人围着一块方形物向左行走。做梦的这个人则站在一旁。那些人说有一种长臂猿将要被重新创造出来。在这个梦中,方形物象征着炼金术士的工作,这个工作就是把原来混沌的物质分解为四种基本元素,并使它们重新结合为一个更加完美的整体。

围绕方形物行走再现了这一整体。而长臂猿则代表着一种能够点铁成金的物质。

按照荣格的理解，这个梦表明做梦的病人（他站在这种统一活动的旁边）让他的意识的自我在人格中扮演了过分重要的角色，因而不注意使他天性中阴影原型的一面得到表现和个性化。这个病人只有通过使他人格中的各种要素得到整合，才能达到内心的和谐和平衡。正如炼金术士只有通过使各种基本元素得到恰当的配合，才能达到点铁成金的目的一样。

在另一个梦里，做梦的人梦见在他面前的桌子上放着一个玻璃杯子，里面装着一种胶冻状的物质。这个杯子代表着炼金术士用来进行蒸馏的器皿，杯子里的内容则代表一种没有任何形式的质料，炼金术士希望把这种东西转变为所谓的哲人之石（the philosopher's stone）。这种哲人之石具有点铁成金的神奇力量。在这个梦中出现的炼金术象征，表明做梦的这个人希望或应该希望自己成为更超越、更整合的人。

当一个人做梦梦见了水，据说这水就再现了炼金术士的生命活水或生命芳醇所具有的再生力量；当他梦见发现了一朵蓝色的花，这朵花就代表着哲人之石的产地；当他梦见把金币扔在地上，那就是他在嘲笑炼金术士想要成就一种完美统一的物质的痴心妄想；当病人画出一个车轮，荣格就会从中看出它与炼金

术士的车轮的联系,它再现了在炼金术士的作坊里为造成物质的转变而进行蒸馏的循环过程。以同样的方式,荣格把病人梦见的一个蛋解释为炼金术士用以开始工作的原始材料,把一颗宝石解释为那种人人都想获得的哲人之石。

综观所有这些梦,可以发现,在做梦的人用来表现他的困境和目标的那些象征,和中世纪炼金术士用来表达他们的辛勤努力的那些象征之间,存在着明显的平行对应关系。这些特别的梦所具有的显著特征,是那些被炼金术采用的对象和材料的相当精确的反映。由于拥有炼金术方面的知识,荣格就能够指出这种惊人的相似。他从他的研究中得出这样的结论:中世纪炼金术士以化学实验的方式表达的愿望和努力,同病人以做梦的方式表达的愿望和努力完全一致。正像炼金术士希望个性化(转化)物质以获得一种完美的实体一样,做梦的人也希望在梦中使自己个性化,从而成为一个更加丰富的有机统一体。荣格深信,梦的意象与炼金术之间这种平行对应关系,证明了普遍原型的确存在。

更何况,荣格通过在非洲和其他地区所作的人类学调查,发现同样的原型也表现在原始氏族的神话中。此外,同样的原型也还表现在无论是现代的还是原始的艺术和宗教中。荣格总结说:"(原型的)体验在每个个人身上采取的形式可能是无限多变的,然而正像炼金术中的各种象征一样,它们全都不过是某些中心类型(central types)的变体,而这些中心类型却是普遍存在的。"(《荣格文集》,卷十二,第463页)

在荣格最吸引人的那些文章中,有一篇是专门讨论"现代神话"即所谓飞碟象征的。荣格并不打算证明究竟有没有所谓飞碟。他宁愿从心理学角度提出问题:"为什么这么多人深信他们确实看见过飞碟?"在对这个问题作出回答的时候——他认为心理学家只能在这一问题的范围内进行讨论——他借助于梦、神话、艺术和历史资料,论证了所谓飞碟其实不过是总体性(totality)的象征。它是一个发光的圆盘,一种曼荼罗。它来自另一个星球(人的无意识),运载着陌生的太空人(无意识原型)。

这种典型的荣格式分析(放大)方法,纯粹是一种心理学的分析方法。它不取决于所谓飞碟究竟是一种真实的东西还是一种虚幻的东西。人们可以这样去引申:如果它们确实是真实的东西,那么发明飞碟的人就为同样的整体原型所支配,从而地球上的人才能够看见这种东西。总之,心理真实(the reality of the psyche)是心理学家感兴趣的唯一的真实;而外部世界的真实(the reality of the external world)则是物理科学家们关心和注重的问题。

对飞碟(UFO)的关注和重视在20世纪50年代达到了顶

峰。按照荣格的说法,这种关注和重视根源于战争给人们带来的困惑、混乱和冲突。人们渴望从冷战和国际纷争的重负下解脱出来,达到和谐与统一。荣格认为,在充满危机的时代,新象征可能产生和设计出来,旧象征也可能复活。例如,在这一彷徨困惑和人性丧失的时代,就有人转向星相学,以期从中找回他们自己的个性;也有人转向东方宗教、东方哲学或原始基督教,希望从中找到自我人格的象征。

二、象征

现在我们比较系统地讨论一下荣格的象征理论。在荣格看来,一种象征,无论是出现在梦中还是出现在白昼生活中,都同时具有双重的重要意义。一方面,它表达和再现了一种受到挫折的本能冲动渴望得到满足的愿望;象征的这一侧面,与弗洛伊德关于象征是欲望的伪装的解释是一致的。性欲和攻击欲由于在日常生活中处处受到禁止和压抑,就构成并转变为梦中的各种象征。

在荣格看来,象征不仅仅是一种伪装,它同时也是原始本能驱力的转化。这些象征试图把人的本能能量引导到文化价值和精神价值中去。这一思想并不新鲜,它要说明的是:文学、艺术以及宗教,都不过是生物本能的衍化。譬如,性本能转入舞蹈而成为一种艺术形式,或者攻击本能转化到竞争性的游戏和比赛之中。

然而荣格始终坚持认为:象征或象征性活动并不仅仅是把本能能量从其本来的对象中移置到替换性对象上。也就是说,舞蹈并不仅仅是用来代替性行为的,它是某种超越了纯粹性行为的东西。

荣格在他自己所说的这一段话中最清楚地揭示了象征理论最重要的本质特征:"象征不是一种用来把人人皆知的东西加以遮蔽的符号。这不是象征的真实含义。相反,它借助于与某种东西的相似,力图阐明和揭示某种完全属于未知领域的东西,或者某种尚在形成过程中的东西。"(《荣格文集》,卷七,第287页)我们还记得,在第三章中讨论能量疏导问题时,我们涉及过象征这种创造类似物的特点。

那么,所谓"尚未完全知晓的和仅仅处在形成过程中的"究竟是什么东西呢?这就是埋藏在集体无意识中的原型。一种象征,首先是原型的一种表现,虽然它往往不是最完美的表现。荣格坚持认为:人类的历史就是不断地寻找更好的象征,即能够充分地在意识中实现其原型的象征。在某些历史时期,例如在早期基督教时代和文艺复兴时期,曾经产生过许多很好的象征。

说这些象征很好,是说它们同时在许多方面满足和实现了人的天性。而在另一些历史时期,特别是20世纪,人类的象征变得十分贫乏和片面。现代象征大部分由各种机械、武器、技术、跨国公司和政治体制所构成,实际上是阴影原型和人格面具的表现,它忽略了人类精神的其他方面。荣格迫切希望人类能够及时创造出更好的(统一的)象征,从而避免在战争中自我毁灭。

荣格之所以对炼金术象征特别感兴趣,就是因为他从中看见一种想把人的天性中各个方面结合起来、把彼此对立的力量锻造成一个统一体的愿望和努力。曼荼罗或者魔圈(magic circle)就是这种超越性自我的主要象征。

最后,象征也是人的精神的表现;它是人的天性的各个不同侧面的投射。它不仅力图表现种族贮藏的和个体获得的人类智慧,而且还能够表现个人未来注定要达到的发展水平。人的命运、人的精神在未来的进化和发展,都能通过象征为他标志出来。然而某种象征中包含的意义却往往不能直接被人认识,人必须通过放大的方法来解释这一象征,以期发现和揭示其中的重要信息。

象征具有两个方面:一是受本能推动而追溯过去的方面,二是受超越人格这一终极目标指引的展望未来的方面。这两个方面是同一枚硬币的两面。对一个象征可以从任何一面来分析。回溯性分析揭示的是某一象征的本能基础；展望性分析揭示的是人对于完美、再生、和谐、净化等目标的渴望。前一种分析方法是因果论的方法，还原论的方法；后一种分析方法则是目的论的方法，终极性的方法。要对某一象征作出完整的全面的阐释，就必须同时使用这两种方法。荣格认为：象征的展望的性质被人们忽视了，而那种把象征看作是单纯的本能冲动和愿望满足的观点遂得以流行。

一种象征的心理强度往往大于产生这一象征的原因的心理值。这意味着在某一象征的背后，既有一种作为原因的推动力，也有一种作为目标的吸引力。推动力是由本能能量提供的，吸引力则是由超越的目标提供的。单纯依靠任何一种力量都不足以创造出一种象征。可见，某种象征的心理强度，是原因和目的因素的总和，因而总是大于单纯的原因因素。

三、梦

早在1900年弗洛伊德《释梦》一书刚刚问世时，荣格就读过这本书。在1902年发表的博士论文中，他也多次提到这本书。但荣格有关人的精神的观点突然大幅度地偏离了弗洛伊德的观点，以至于荣格本人也脱离了弗洛伊德精神分析学派，并逐渐形成了自己的思想。正因为如此,他对于梦的理解与维也纳精神分析学派对梦的理解,也存在着尖锐的分歧。

无论荣格还是弗洛伊德,都认为梦是无意识心灵最清楚的表达和显现。荣格说:"梦是无意识精神自发的和没有偏见的产物……梦给我们展示的是未加文饰的自然的真理。"(《荣格文集》,卷十,第149页)对我们的梦进行的反思,也就是对我们的基本天性所作的反思。

当然,并不是所有的梦都具有同等的意义和价值。有许多梦只涉及白天萦绕心怀的琐事,并不能照亮做梦者的心灵深处。但有时候,一个人的梦距离其日常生活如此遥远、如此神秘和神圣——这是荣格在说到某种强烈震撼人心的体验时最喜欢使用的词——如此奇异陌生、不可思议,以至于这梦仿佛并不属于做梦者本人而来自另一个世界。实际上这所谓另一个世界,就是无意识的地下世界。在古代,甚至就在今天,还有一些人把像这样的梦看作是神的启示或者祖先的告诫。

荣格把这些梦叫作"大"梦。这些梦每每发生在无意识中出现骚动和错乱的时候,通常由自我不能很好协调和应付外界生活所导致。正在接受精神分析的病人,由于治疗过程中要不断触及和搅动他的无意识,所以往往频繁地做这种"大"梦。第一次世界大战后不久,荣格通过对他的德国病人们所做的梦的深层分析,曾预言"金发野兽"(blond beast)①随时有可能冲出其地下囚牢,给整个世界带来灾难性的后果。在希特勒崛起之前若干年,荣格就已经作出了这一预言。

我们已经提到,荣格不同意弗洛伊德关于象征是受压抑的欲望的伪装表现这一基本观点。在荣格看来,梦的象征,以及其他任何象征,是阿尼玛、人格面具、阴影和其他原型希望个性化,希望把它们统一为一个和谐平衡的整体的尝试。诚然,梦的确可能沉入到过去的岁月,唤醒和复活昔日的记忆;但更重要的是它们(或者至少是它们中的一部分)是实现人格发展这一最终目标的蓝图。它们既指向过去也指向未来。它们既是传示给我们的信息,又是我们所遵循的向导。"这种向前展望的功能……是在无意识中对未来成就的预测和期待,是某种预演,某种蓝图,或事先匆匆拟就的计划。它的象征性内容有时会勾画出某种冲突的解决方案……"(《荣格文集》,卷八,第255页)。但是荣格提醒我们,不要把所有的梦都看作是对未来的展望,因为很可能只有极少数梦才具有这种性质。

如果变换一种角度来考察,那么梦也可以是一种补偿;它试图补偿精神中所有那些遭到忽视,因而也就未得到分化发展的方面,企图以此达成某种平衡。"梦的一般功能是企图恢复心理

---

① 指德国法西斯主义者。——译者注

的平衡,它通过制造梦中的内容来重建……整个精神的平衡和均势。"(《人及其象征》,1964年,第50页)

1. 梦的系列

除了像弗洛伊德那样对单个的梦进行分析之外,还可以对一段时间以来的一系列梦进行分析。荣格很可能是第一个建议这样做的人。事实上,荣格认为对单个的梦进行分析几乎没有什么意义。他要求他的病人把他们的梦仔细地记录下来。连续的梦就像一本书的各个不同篇章一样;每一章都为整个故事的叙述增添了一点新的东西,它们的总和就形成了一个融汇连贯的人格画面,就像把拼版玩具一块块拼合起来就形成一幅画面一样。况且,梦的连续系列还可以揭示某些反复出现的主题,因而也就可以揭示心灵在梦中的主要倾向。在我们对梦的研究中,我们曾使用这种系列梦的方法,发现它大有好处。

下面这些案例,就是按荣格的方向对系列梦所做的分析。一位工程师数年如一日地把他所做的梦全部记录下来。那时他三十来岁,他多次梦见自己同许多女性朋友发生亲昵的性关系。尽管他已经结婚,但除了频繁的手淫外,他根本没有性生活。他在手淫的时候也总是伴随着与他梦中情形同样的幻想。在结婚之前,他从未同任何人发生过任何形式的性关系;结婚之后他也没有同任何别的女人发生过性关系,然而他同妻子的关系却越来越糟。在妻子的坚决要求下他做了输精管结扎手术,大概是为了避免再度怀孕的缘故吧。

这些与性有关的梦,其中许多还显得非常真实、生动和紧张,实际上都不过是对他平时所缺少的东西的补偿。它们确实是弗洛伊德所说的那种欲望满足。然而在荣格看来,这恰好说明了他不能获得正常满足的原因。在他以往的生活中,他始终压抑并拒斥了自己人格中阴影原型的一面。他是一个埋头工作的知识分子,接受的是那种压抑其自然冲动的道德准则。这样做的结果,就使他白天受种种性欲幻想的煎熬,夜里受种种性欲梦境的折磨。这些梦要告诉他的是:由于他忽视了他天性中的一个方面,他的生活不可能不变得畸形。这种压抑的确给他的婚姻、工作和朋友关系带来了灾难性的后果。他的这些梦具有一种粗鲁的冲动性质,足以表现受到压抑而未得到发展和分化的阴影原型的特征。

另一个在婚姻上不幸福的年轻女人,经常梦见自己和男人们打架,或受到男人们的攻击。由于她始终波动于温顺和好强之间,她平时和男人们的关系也处得不好。有时候,她充满柔情,考虑周到,很能体谅他人;有时候,她又自私好斗,语言刻薄。在荣格看来,这样的女人就是阿尼姆斯原型——女性人格中的

男性成分——的牺牲品。她的所作所为本质上是对她自己身上男性气质的抗拒和挣扎。她把它看作是自己心中的敌人,一个要加以消灭的异己的东西。当然,她本人并不能自觉地意识到这究竟是怎么回事。

与梦中的情形一样,她平时也不可能同男人们友好相处。因为对她来说,这些男人是她本人所憎恨的那种男性气质的活生生的体现。而无论在白昼还是睡梦中,一旦她的阿尼姆斯原型开始显现,她的这种被忽视了的男性气质又总是得到过度补偿;她变得过分男子气,也就是说,变得过分武断自信。随之而来的则是突然又变得极其温柔恭顺。这时候她变成了典型的女性,正像在此之前她仿佛是典型的男性一样。

她在性生活方面也极不满意,因为她把性生活看作是男性对她的肉体的一种侵犯。这种感觉她是意识到了的。她意识不到的是(然而她的梦却意识得到):她害怕她本人的阿尼姆斯原型对她的精神进行侵犯。她经常受到她自己那个原始的、未得到充分发展的阿尼姆斯的威胁。她之所以同男人们相处不好,原因就在于她同自己的阿尼姆斯原型相处不好。荣格心理学的精神实质,就在于要人们从内心中去寻找自己同他人关系的答案,因为当我们与他人相处的时候,我们总是把自己的精神状态投射到他人身上。

早在这个女子的童年时期,当她的母亲不断在她面前滔滔不绝地指责攻击男人的时候,这种对男性的反感就开始了。男人在她心灵中留下的印象是一个可恨的形象。此后的经历又证实了这一印象。这样,对自己心中阿尼姆斯原型的反感就变得越来越强烈。

与此同时,她的母亲不断地向她强调,女人最重要的就是要像一个女人。这种关于什么是女性心理的后天教育逐渐变成了她的人格面具,于是做作的言谈举止就代替了她本来的自然天性。

荣格提醒我们:人与人之间的冲突——在这里也就是这位女性同男人们的冲突——始终是并且必然是由于人格本身的不和谐所导致的,它是这种人格不和谐的外化和投射。因此要消除这种冲突,就不能仅仅着眼于其外部表现,而必须改善其内部的不和谐。简而言之,一个人不可能摆脱那些构成他人格核心的原型的影响,这是一个基本事实。"一切都从个体内部而发端。"

还有一个商人,我们也对他的梦作了分析。他以一种不同寻常的方式来解决他的阿尼玛原型所产生的问题。他很早就发现在他身上同时还存在着一个女性性格的人。他甚至以一个女人的名字来称呼他自己的这一女性人格。但与此同时,他也有

一个同样强大的男性性格。其结果是,他白天作为一个男人同他事业上各种各样的同行和朋友打交道,夜里回到家中则作为一个女人同他妻子相处。他妻子不仅容忍他这样做,甚至还鼓励和支持他,教他怎样以女性的方式穿戴、修饰、交谈和举止。他和他妻子生活得简直就像姐妹俩。当然,当他同他妻子过性生活的时候,他仍然是一个男人。

通过对一个不断调戏儿童的人的梦的研究,我们得出这样的结论:这个人本人就像一个儿童,他在精神上一直没有发育成熟,他仿佛是一个同其他儿童进行性戏耍的儿童。用荣格的术语来说,他是儿童原型的牺牲品。儿童原型占据并统治了他的整个精神,因为他有一个过分纵容庇护他的母亲和一个爱挑逗女性的父亲。

荣格不相信可以运用一套固定不变的象征或梦书来解释所有的梦。一切都因人而异,因个人所处的环境条件和做梦者精神状况的不同而不同。例如,当分析一个特殊的梦的要素时,必须考虑到做梦者的年龄、性别和种族。同样的梦的要素,对不同的人可能具有不同的意义;就是对同一个人,在不同的时候也可能具有不同的意义。荣格宁肯对梦的意义不抱任何先入之见,具体情况具体分析;他并不打算把它们强行纳入某种预先设想好的理论模式。

荣格认为，分析者要想懂得梦的真实含义，就应该紧紧扣住梦的主题而不要随做梦者的自由联想而离题万里。他发现，做梦者往往通过自由联想，用一些不相干的材料来冲淡主题，以逃避对梦的真实意义的认识。与此相反，对梦中要素的"放大"，则可以使做梦者紧紧围绕梦的主题。

根据荣格本人的估计，在他一生的职业生涯中，他分析和解释过的梦，总数不少于八万。只要一想到这点，也就不难明白为什么他被人们认为是古往今来最了不起的释梦专家。同样，我们也可以说，在范围极其深广的象征知识方面，他也是古往今来最了不起的专家。当然，人们不应该忘记，正是通过对梦和象征的研究，他最后才发现了集体无意识及其原型。而这，才是他最卓越的成就。

〔参考书目〕

Bell, A. P., and Hall, C. S. *The Personality of a Child Molester: An Analysis of Dreams*. Chicago, Ill.: Aldine-Atherton, 1971.

Hall, C. S. *The Meaning of Dreams*. New York: McGraw-Hill, 1966.

Hall, C. S., and Lind, R. E. *Dreams, Life, and Liter-*

ature: *A Study of Franz Kafka*. Chapel Hill, N. C.: University of North Carolina Press, 1970.

Hall, C. S., and Nordby, V. J. *The Individual and His Dreams*. New York: New American Library, 1972.

Jung, C. G. *Collected Works*. Princeton, N. J.: Princeton University Press.

Vol. 5. *Symbols of Transformation*.

Vol. 7. *Two Essays on Analytical Psychology*.

Vol. 8. *The Structure and Dynamics of the Psyche*.

Vol. 10. *Civilization in Transition*.

Vol. 12. *Psychology and Alchemy*.

Jung, C. G. *Man and His Symbols*. Garden City, N. Y.: Doubleday, 1964.

第七章

荣格在心理学中的地位

心理治疗的主要目的,不是要使病人进入一种不可能的幸福状态,而是要帮助他面对苦难具有一种哲学式的耐心和坚定。

——荣格

在最后这一章里,我们要讨论荣格在一些有争论的问题上的立场,这些问题无论对心理学还是对整个社会都是十分重要的。直到不久前,心理学一直企图像物理学和生理学那样成为一门实验科学。这说明心理学家一直企图通过在实验室中可以人为控制的条件下进行实验,来理解人的精神现象和行为。通过系统地变换这些条件,就可以测出:要造成某种类型的行为,最重要的变量是什么。科学心理学旨在建立起关于人的行为的一般规律,而这些规律将以数学的方式加以表达。

但就在心理学家致力于建立起一种科学心理学的同时,精神病学作为医学的一个分支也逐渐形成和发展起来。精神病学的任务,是治疗那些患有精神疾患的人。然而人们很快就发现:许多向精神病医生寻求帮助的人,严格地说都不能算是精神病人。他们不过是感到苦闷、烦恼、焦虑不安而已。医药和手术对他们没有任何用处。

在这里,精神病医生需要的,是关于人的心灵的知识(而在医学的其他领域,需要的则是关于人的身体的知识)。科学心理学没有为他们提供这方面的知识,它不能帮助精神病医生理解人的心灵,而这一点恰好又正是精神病医生在医疗实践中不可缺少的。这样,精神病医生不得不亲自来充当心理学家。他们不是通过实验室的实验,而是从他们自己的精神病诊所里搜集

有关人的行为和人格的资料。他们对病人所说和所做的一切进行观察、分析和质询,然后据此作出推论和解释,再对照进一步的观察加以检验。在以这种方式对大量病人进行分析治疗以后,他们逐渐形成了许多与人的整个精神有关的思想,并把这些思想逐步整理为一整套心理学理论。

可见,一方面存在一种从实验室中发展起来的心理学;另一方面又存在一种从精神病医生的医疗实践中形成和发展起来的心理学。近年来,这两种心理学已开始互相结合,共同形成一种统一的心理学。精神病医生在自己的医疗实践中得出的那些结论和方案正在实验室中经受检验,而科学心理学的那些理论又被应用到临床治疗中加以检验。当然,要把那些从精神病医生的诊疗所中形成的理论纳入实验室中,或者,要把那些从实验室中形成的思想纳入到精神病诊疗所里,都并不是一件容易的事情。从事心理治疗的人关心的是一个个活生生的人和他的整个精神,他总觉得实验心理学家关心的只是某一特定的心理过程如知觉、学习或记忆,并且不是着眼于特殊的个人而是着眼于统计学上的平均数字。实验心理学家则攻击心理治疗者们的理论太不科学,是建立在少数"病人"身上的主观臆断。至于荣格的理论,则更是难以在实验室中进行研究。由于荣格对某些神秘现象特别感兴趣,所以经常被指责为神秘主义。他在1930年所写的下面这段话中，对这种指责作出了回答：

"神秘主义在我们所处的这个时代经历了一场史无前例的复兴——西方文明之光因此而变得黯淡。我现在所说的当然不是指我们的高等学府以及这些高等学府中的头面人物。但是，作为一个同普通人打交道的医生，我知道，我们的大学已经不再是传播光明的地方。人们普遍地厌倦了极其狭窄的专题研究，厌倦了唯理主义和唯智主义。人们想要听见的是这样一种真理，这种真理不是束缚限制而是开拓扩展，不是隐蔽遮掩而是启发照亮他们的心灵；这种真理不是像水一样不留痕迹地从他们身边流过，而是一直深入到他们的骨髓之中。这种渴望和寻找，往往可能把许多人引上歧路。"（《荣格文集》，卷十五，第58页）

尽管荣格早年也曾在实验室中工作过，然而他的心理学知识主要仍来自对病人的治疗和与病人的接触。荣格说："我首先是一个医生，一个实际从事精神治疗的人。我的心理学理论建立在我每天进行的艰苦的职业活动中，建立在我从这些活动中获得的丰富经验上。"（《荣格文集》，卷六，第13页）

除了从事治疗活动外，荣格的心理学理论和知识也还来自其他外部渠道和途径。这些外部来源包括对其他文化的考察，包括对宗教的比较研究，对神话、象征、炼金术以及神秘主义的研究。然而他自己说得很清楚，所有这些外部材料都属于第二手材料。"心理结构的理论不是来自童话和神话,而是植根于医学心理学的研究领域,植根于在这一领域中进行的经验主义的观察之中。它只是间接地通过比较象征的研究,在远离普通医疗实践的领域中获得了进一步证实而已。"(《荣格文集》,卷九,一分册,第239页)他认为在历史学、人类学、考古学、比较解剖学,以及别的学科中所运用的比较方法,是最好的科学研究方法。

但荣格并不认为人们应该为某种方法所束缚,就如不应该为任何理论所束缚一样。他说:"理论在心理学中是十分危险和有害的。不错,我们确实需要某些观察点和出发点,以便获得某种定向和启发;然而它们只应该被看作是纯粹辅助性的、随时可以扔在一边的概念。对于人的精神,我们迄今知之甚少。如果有人认为我们在这些领域中已取得了足够的进展,以致可以形成一种总的理论框架,那么,这将是十分荒唐怪诞的事情。迄今为止,我们甚至还没有能确定人的精神现象的经验主义研究范围,我们又怎么能够去梦想建立一整套体系和理论呢?当然,理论是掩盖无知和缺乏经验的最好的遮羞布,但它所导致的后果——偏执、浅薄、科学上的宗派主义和门户之见——却是十分令人不愉快的。"(《荣格文集》,卷十七,第7页)

荣格不仅在对人的精神的经验主义观察中并不固执和坚持

任何一种方法，就是在精神治疗活动中，他也并不提倡任何一种绝对正确排斥异己的方法。正因为这样，所以我们很难说什么是标准的荣格式治疗方法。无论什么方法，只要适合于他正在治疗的病人，他就立刻加以采用。有时候他采用弗洛伊德的方法，有时候他采用阿德勒的方法，有时候他采用他自己发明的方法。他自己发明的方法包括释梦、积极想象（病人全神贯注于形成意象）、绘画、象征的放大，以及语词联想测验。此外，他还根据病人情况的变化来确定每周与这个病人谈话的次数。只要可能，他总是尽量减少看病人的次数，尽量鼓励病人逐步自己承担起对自己进行分析的责任。这种灵活善变和大度胸怀，是荣格作为精神病治疗者和作为人的精神的探险者所具有的一种高贵品质。他不希望分析心理学变成一套僵化的教条主义原理和方法。"我们越是深入到人性的深处，就越是产生这样的信念，这就是，人性的多样性和多元性需要我们在立场观点和方法上都富于最大的灵活性和丰富性，这样才能适应人的精神深处的丰富性和灵活性。"（《荣格文集》，卷十六，第9页）

　　为什么荣格派精神分析家和心理治疗者至今仍不占多数，原因之一很可能正是由于荣格心理学"在观点和方法上的灵活性和丰富性"。由荣格建立起来的这些治疗方法包含着对人、对人性的丰富知识；说得更清楚一点，一个荣格式的心理治疗者必

须具有关于人和人性的"普遍知识",这样他才能够有合适的背景正确地理解每一个病人。我们深信,正因为荣格心理学是这样复杂深邃,具有这么多的用途、这么大的包容性,以及如此众多的不同方法,所以它是极其重要、极有价值的。

荣格对科学性质的看法也是十分开通的。学生时代的荣格所受熏陶的科学气氛是一种机械因果的观念;世界上万事万物都有它们的原因。在心理治疗中,这意味着人们试图在病人过去的生活中寻找他今天患病的原因。弗洛伊德坚持认为童年精神创伤是导致神经症的主要原因。这种观点正是因果观念的典型范例。荣格并不排斥因果观念,然而他认为除此之外还有另一种科学方法。这种科学方法被称为"目的论"。目的论的方法应用到心理学中就意味着:人们当前的行为是由未来而不是过去所决定的。显然,为了正确理解一个人的行为,除了需要考虑过去的事件以外,也还需要考虑到未来的目标。荣格许多涉及精神发展的思想,就它们作为精神发展的目标(个性化、整合、个性形成等)而言,都是目的论的。一个发展着的人格正是趋向实现这些目标的。一个人的行为必然存在着目的性,尽管它并不必然显现为自觉意识。甚至梦,也具有并且提供一种向前展望的功能。梦往往是对于未来的憧憬,正像它同时也是对于往事的回忆一样。

荣格感到有必要在心理学中同时采用这两种研究态度——因果论的研究方法和目的论的研究方法。荣格说:"一方面,人的心灵为所有那些往事的残余和痕迹提供一幅画面;另一方面,在这同一幅画面中,就人的精神创造自己的未来而言,它也表达了那些行将到来的事物的轮廓。"(《荣格文集》,卷三,第184—185页)

对许多科学家来说,目的论的方法过去不是,现在也仍然不是什么受欢迎的思想。然而我们看见,荣格并不受舆论和潮流的影响。他随时准备考虑和接受任何观点,并将它运用到自己的著作中,不管这些观点多么不符合一般人的口味。荣格是一个实用主义者,任何一种观点或方法,只要能够帮助他理解病人,只要对病人有利,他都会采用。

最后,荣格指出,因果性和目的性都只是独断的思维模式,科学家运用这种思维模式来整理那些可以观察到的现象。因果性和目的性本身并不可能从自然界中找到。

荣格认为目的论的态度应用到病人身上,还具有另一种实用价值。纯粹因果论的态度很可能使病人产生绝望和自暴自弃的情绪。因为按照因果论的观点,他无法逃避自己的过去,他被囚禁在往事之中。创伤业已造就,并且很难甚至根本不可能使之得以恢复和痊愈。而目的论的态度则给病人带来希望,给病

人带来可以努力为之奋斗的目标。

荣格晚年提出了一种既不同于因果性又不同于目的性的原理,他把它叫作同步性(synchronicity)。同步性原理适用于那些同时发生,但谁也不是谁的原因的事件。举例来说,当某种想法体验了某种客观事件时,这时候我们既不能说主观观念是客观事件的原因,也不能说客观事件是主观观念的原因。几乎每个人都曾经经历过这种体验。有时候你正在想一个人,这个人就来了,要不就是收到一封他寄来的信;或者有时候,你梦见自己的亲人或朋友生病或去世,后来就听说,就在你做梦的同时,你的朋友或亲人真的生病或去世了。荣格举出大量有关心灵感应、特异功能和其他超感现象的文字记载作为证据,证明在心理学中有必要引进这种同步原理。他深信这种如此令人困惑不解的现象,许多都不能用碰巧来解释。相反,它们向我们提示,除了用因果性来说明的那种秩序外,在宇宙中还存在着另一种秩序。他把这种同步原理应用到原型概念上去,认为原型可以在一个人内心中获得心理的表现,与此同时,它也可以在外部世界中获得物理的表现。原型并没有导致这种表现,它既不是心理事件的原因,也不是物理事件的原因。我们不妨说,心理事件和物理事件之间的关系,是一种同步对应的关系。

心理学家,特别是那些同病人打交道的心理学家,很容易成为社会批评家。之所以如此,原因就在于社会的弊病往往在那些需要进行心理治疗的病人生活中暴露得最清楚。正像我们先前说过的那样,荣格可能成为当代社会的激烈的批评家。有时候他的情绪十分悲观,这时候他往往用尖刻的冷嘲来表达他的观点。下面这段话即是这样一种例证。

"我们的全部文化成就究竟给我们带来了什么呢?可怕的答案就明摆在眼前:人,已经脱离了无忧无惧的状态,恐怖的噩梦笼罩着整个世界。今天,人类理性已经遭到惨败,而人人都想摆脱和躲避的那些东西却像幽灵一般接踵而来。不错,人类在物质财富方面确已取得了很大的成就,然而与此同时,他也给自己造成了一个巨大的深渊。下一步怎么办——他怎样控制事态的发展?自上次世界大战结束以来,我们一直寄希望于理性,现在我们仍然寄希望于理性,但是我们已经为原子核分裂可能创造的种种奇迹所眩惑,我们给自己许诺了一个黄金时代,世界注定将变得无限荒凉、无比丑陋。那么,到底是谁,究竟是什么东西导致了这一切呢?不是别的,恰恰是人类精神本身,是人类自身那种自认为无害的、聪明的、善于发明创造和合乎理性的精神。遗憾的是,这种精神恰恰意识不到那始终伴随和缠绕着它的魔鬼。更糟的是,这种精神还竭力避免正视自己的真实面目,而我们也都像发了疯一样地帮助它这样做。啊,老天!保佑我

们免受心理学的坑害吧!罪恶的心理学竟让我们可能窥见自己的真实本性,我们还是选择战争的好。过去我们总是把战争归咎于某人造成,然而却没有人看见,我们正在把整个世界推向它正恐惧地想要逃避的战争中去。"(《荣格文集》,卷九,一分册,第253页)这段话写于1948年,如果荣格仍然健在,他今天还会这样说。

然而荣格并非总是处在这种悲观情绪之中。他竭尽全力,同许多病人一道,设法从深渊中拯救他们的生活,使他们懂得:尽管人的内心中有一个魔鬼,尽管这个魔鬼会被释放和投射到社会生活中来,个人仍然能够成就自己的刚毅和正直。荣格说:"心理治疗的主要目的,不是要使病人进入一种不可能的幸福状态,而是要帮助他面对苦难具有一种哲学式的耐心和坚定。"(《荣格文集》,卷十六,第81页)在荣格就人的问题所发表的全部言论中,下面这段话很可能最雄辩地表达了人敢于站出来生存的勇气。

"人格是个体生命天赋特质的最高实现。人格的实现是敢于直面人生的具有高度勇气的行动,是对于所有那些构成个体生命的要素的全面肯定,是个体对于普遍存在状况的最成功的适应并伴随着进行自我选择的最大限度的自由。"(《荣格文集》,卷十七,第171页)

荣格心理学的未来前景如何？它会不会成为心理学的主流？它会不会给整个思想界造成与日俱增的影响？或者，它会不会成为史书的脚注而沉落到遗忘之中？当然，任何预言都是冒险的事情。但是，我们已经说过，荣格的思想正受到越来越多的人的注意，特别是受到年轻一代的注意。很难说这究竟是一种短暂的追求时髦的风尚，还是一种持久的思想潮流的前兆。我们希望后一种可能被将来的发展所证实。预言有时候是自动变成现实的，这意味着单是进行预言这一事实，本身就导致预言变成现实。我们殷切希望我们的预言会变成现实，因为我们认为，荣格的著作是许多重要思想赖以产生的温床，这些重要的思想观念正等待着人们的承认。

阅读荣格的著作是一种独特的体验。一开始可能难以接受，但当你读过他几篇文章几部著作以后，你就会接受和承认他的思想。读者很可能突然彻悟：这位孤独的老人，怀着激情与怜悯，富于逻辑性与常识感，所写的都是有关人类精神的基本真理。读者会一次又一次惊奇地发现那些他早已知道却不能用自己的语言加以表达的真理。像我们一样，他也会惊奇地发现：荣格的许多思想成了后来许多作家的先导。心理学领域以及其他与之相关的领域中的许多新趋势、新潮流，都应该追溯到荣格，因为正是他最先给人们指出了路径和方向。

荣格的著作是智慧和灵感的不竭源泉,人们可以反复阅读他的著作,不断地吮吸这源头活水,从中获得对人生、对世界的新认识。正因为如此,所以我们说阅读荣格的著作是一种独特的充实和更新的体验。

〔参考书目〕

Jung, C. G. *Collected Works*. Princeton, N. J.: Princeton University Press.

Vol. 3. *The Psychogenesis of Mental Disease*.

Vol. 6. *Psychological Types*.

Vol. 9i. *The Archetypes and the Collective Unconscious*.

Vol. 15. *The Spirit in Man, Art, and Literature*.

Vol. 16. *The Practice of Psychotherapy*.

Vol. 17. *The Development of Personality*.

附录

荣格著作阅读指南

阅读和研究荣格心理学,第一个要面临的问题是从哪里入手,以及这以后阅读的顺序。《荣格文集》的英文译本共有十九卷,而这十九卷并不包括荣格所有已出版的著作,如他的自传《回忆·梦·思考》,他的最后一部著作《人及其象征》,以及私人印刷出版的《死者七讲》(Septem Sermones ad Mortuos)。胡乱地阅读整套文集是不明智的做法,因为其中许多文章过分专业化,初次阅读荣格著作的人不会产生兴趣。

应该从哪里入手呢?以下的建议可能会对你有所帮助,因为它事先假定你对于心理学并不具备广泛的了解和渊博的知识。在下面向您推荐的这些书中,如果有平装本可用的话,我们将特别注明并写出出版公司的名称。《荣格文集》在美国是由普林斯顿大学出版社出版的,在英国则由 Routledge & Kegan Paul

出版有限公司出版。

我们认为要对荣格有一个初步的理解,最好是首先阅读他的自传《回忆·梦·思考》。这本书有由蓝登书屋(Random House)文特其丛书(Vintage Books)出版的平装本。其次,我们建议您读荣格题名为《探索无意识》的论文。这篇论文收在道布尔戴公司(Doubleday)1964年出版的《人及其象征》一书中。《人及其象征》也有由 Dell 出版公司出版的平装本。在这本书中,同时收有其他著名分析心理学家的文章,内容丰富而又清楚,而荣格本人的文章则典型地体现了这种清晰明快的风格。我们之所以特别推荐这两本书,一是因为它们是专为一般读者写的,二是因为它们写作于荣格的晚年,是他对自己思想的最后的说明和表述。

对那些想更多地阅读和研究荣格的读者,我们推荐您读《荣格文集》中的下列著作。

卷六:《心理类型》(*Psychological Types*)中的第十章《类型的一般性描述》(General Description of the Types)(第 330—407 页),第十一章《定义》(Definitions)(第 408—486 页);

卷七:《关于分析心理学的两篇论文》(*Two Essaus on Analytical Psychology*)(有世界出版公司的平装本)中的《无意识心理学》(The Psychology of the Unconscious)(特别是其中

第 40—117 页),以及《自我与无意识之间的关系》(The Relations between the Ego and the Unconscious);

卷八:《心理结构与心理动力》(*The Structure and Dynamics of the Psyche*)中《论心理的性质》(On the Nature of the Psyche)(有普林斯顿大学出版社的平装本)以及《人生的阶段》(The Stages of Life);

卷九,一分册:《原型与集体无意识》(*The Archetypes and the Collective Unconscious*)中的《集体无意识的原型》(Archetypes of the Collective Unconscious)《集体无意识这一概念》(The Concept of the Collective Unconscious)以及《对于原型,特别是涉及阿尼玛这一概念的考察》(Concerning the Archetypes, with Special Reference to the Anima Concept);

卷十二:《心理学与炼金术》(*Psychology and Alchemy*)中的一分册和二分册(第 1—223 页)。

以上参考书,为研究荣格分析心理学提供了丰富的知识,打下了坚实的基础。这些文章中,有许多被维京出版社(Viking Press)搜集起来,重新印刷出版了一本题名为《荣格袖珍本》的平装书。

对那些希望就某一专题对荣格进行研究的读者,可以参考下列专题阅读指南。

1. 原始人心理学

《原始人》(载《荣格文集》,卷十,第 50—73 页)

2. 女性心理学

《欧洲妇女》(载《荣格文集》,卷十,第 113—133 页)

3. 美国心理学

《美国心理学的复杂情形》(载《荣格文集》,卷十,第 502—514 页)

4. 宗教心理学

《荣格文集》,卷十一,特别是其中《心理学与宗教》(第 5—105 页),这是荣格 1937 年在耶鲁大学所作的系列讲演,这些讲演有由耶鲁大学出版社出版的平装本。

5. 瑜伽、禅宗和《易经》

《荣格文集》,卷十一,第 529—608 页

6. 炼金术

《荣格文集》,卷十二、卷十三和卷十四

7. 文艺心理学

《荣格文集》,卷十五,第 65—141 页(有普林斯顿大学出版社出版的平装本《人、艺术和文学中的精神》)

8. 心理治疗

《荣格文集》,卷十六,第 65—141 页

9. 教育

《分析心理学与教育》(《荣格文集》,卷十七,第 65—132 页,有普林斯顿大学出版社出版的平装本)

10. 梦

《荣格文集》,卷八,第 237—297 页

11. 星相学

《荣格文集》,卷八,第 453—483 页

12. 曼荼罗

《荣格文集》,卷九,一分册,第 355—390 页

13. 超感官知觉能力

《荣格文集》,卷八,第 421—450 页

14. 语词联想测验

《荣格文集》,卷二

15. 弗洛伊德

《荣格文集》,卷四

16. 神秘现象

《荣格文集》,卷一,第 3—88 页

17. 精神分裂症

《荣格文集》,卷二

最后,我们愿意向大家再推荐一部著作。这部著作说明了

荣格是怎样考察和研究心理学问题的,这就是《飞碟——天空所见物的现代神话》(载《荣格文集》,卷十,第 309—433 页。有新美文库出版的平装本)。荣格写过许多比这部著作更重要的文章和著作,然而却没有哪一篇文章哪一部著作像这本书一样清楚地显示出,当面对像飞碟这样一个聚讼纷纭、争论不休的问题时,荣格所特有的洞察力。这是一部读起来很愉快的著作。

《荣格文集》各卷书名

这十九卷文集是赫伯特·里德（Sir Herbert Read）、迈克尔·福尔丹（Michael Fordham）和杰尔哈特·阿德勒（Gerhard Adler）主编的。威廉·麦克古尔（William McGuire）为执行编辑。R. F. C. 赫尔（Hull）为全书翻译者。文集十九卷在美国由普林斯顿大学出版社出版，在英国则由 Routledge & Kegan Paul 出版有限公司出版。

卷一　精神病研究（*Psychiatric Studies*）

卷二　实验研究（*Experimental Researches*）

卷三　精神疾患的心理发生机制（*The Psychogenesis of Mental Disease*）

卷四　弗洛伊德与精神分析（*Freud and Psychoanalysis*）

卷五　转变的象征（*Symbols of Transformation*）

卷六　心理类型（*Psychological Types*）

卷七 有关分析心理学的两篇论文(Two Essays on Analytical Psychology)

卷八 心理结构与心理动力(The Structure and Dynamics of the Psyche)

卷九 (第一分册)原型与集体无意识(The Archetypes and the Collective Unconscious)

(第二分册)远古——自性的现象学研究(Aion: Researches into the Phenomenology of the Self)

卷十 过渡中的文化(Civilization in Transition)

卷十一 心理学与宗教:西方与东方(Psychology and Religion: West and East)

卷十二 心理学与炼金术(Psychology and Alchemy)

卷十三 炼金术研究(Alchemical Studies)

卷十四 神秘合体(Mysterium Coniunctionis)

卷十五 人、艺术和文学中的精神(The Spirit in Man, Art, and Literature)

卷十六 心理治疗实践(The Practice of Psychotherapy)

卷十七 人格的发展(The Development of Personality)

卷十八 杂集(Miscellany)

卷十九 作品总目与索引(Bibliography and Index)

推荐参考书目

DRY, AVIS M. *The Psychology of Jung*. New York: Wiley, 1961.

FORDHAM, FRIEDA. *An Introduction to Jung's Psychology*. London: Penguin Books, 1953.

JACOBI, JOLANDE. *Comples, Archetype, Symbol in the Psychology of C. G. Jung*. New York: Pantheon Books, 1959.

PROGOFF, I. *Jung's Psychology and Its Social Meaning*. New York: Julian, 1953.

SERRANO, M. C. *Jung and Herman Hesse*. London: Routledge and Kegan Paul, 1966.

WEHR, G. *Portrait of Jung*. New York: Herder and Herder, 1971.